The Unique World
方
寸
方寸之间 别有天地

U0257956

雨 林

留住
正在消失的美

[德] 约瑟夫 · H. 赖希霍尔夫——著

[德] 约翰 · 布兰德施泰特———绘

廖峻 马越 译

社会科学文献出版社
SOCIAL SCIENCES ACADEMIC PRESS (CHINA)

目　录

第二部分　雨林的消失及其后果

第三部分　热带森林的保护

前言
亚马孙在燃烧

亚马孙在燃烧，规模之大史无前例。数万平方公里的热带雨林陷入火海。卫星图像数据显示，仅2020年8月，亚马孙地区就爆发了超过1万场火灾，比上年同期增加了50%以上。2020年夏，关于新冠肺炎疫情的报道铺天盖地，森林火灾这样的消息在其中完全被淹没，甚至连全球气候变暖和“星期五，为未来”[①]之类的运动也未得到应有的关注，而在新冠肺炎疫情爆发前，亚马孙火灾还是环境问题的主题。每年一到北半球的夏季，地球就会变成一个燃烧的星球，因为此时的南半球处于旱季，正如我们北半球的冬季是旱季。在这个时节，即便有哗哗不停的瓢泼大雨也无法扑灭人们为了烧荒而点燃的熊熊烈火。大火就这么肆意地吞噬着森林，抑或是在热带稀树草原上肆虐。巴西总统[②]在政治上颇受争议，因为他利用这段时间推动了或者说至少是放任了对这片全球最大热带雨林的破坏行为。有些火势失控的情况其实完全是城门失火，殃及池鱼。

数十年以来，为了将热带雨林转变成可利用的土地，放火烧林的事情时有发生，因为这样可以开辟牧牛场、开垦出豆田，或者让那些无地

① 2019年由瑞典少女格蕾塔·通贝里（Greta Thunberg）发起的环保主题罢课运动。——译者注。本书注释如无特别说明，均为译者注。

② 指时任巴西总统的雅伊尔·梅西亚斯·博索纳罗。环保主义者认为，博索纳罗2019年就任以来推行的政策导致亚马孙雨林遭到严重破坏。

小农得到一块可以让其耕作数年的土地，避免他们在政治上发泄自己的愤怒情绪。然而，这一切对地球气候会造成什么样的影响呢？欧洲人本该为此感到担忧，可惜他们并没有采取任何有效的措施；而本国利益至上的美国总统则认为关于气候变化的讨论都是些既要花费成本又会造成损失的无用废话，不会给美国带来任何好处。南半球国家的观点则是：“欧洲人，尤其是一直致力改善世界环境的德国人通过节能减排所省下的，有些国家一年的经济增长就会将其消耗。为什么不推行‘巴西人优先’的政策呢？人口始终在增长。一段时间以来，巴西的人口数量已经突破2亿。如果事情涉及整个南美洲及所有热带国家自身的进步，那凭什么要听所谓‘世界改良者’的意见呢？表面上看来，这些国家早已摆脱了殖民统治者的控制，现在也不能因为有些人喋喋不休地说什么热带雨林独一无二，其中蕴含的生物多样性丰富无比这样的空话，就轻易地让自己的主权再次旁落。新殖民主义者为了达成他们的目的，只想将热带雨林的价值榨取干净，而像我们这样亟需休养生息的热带国家，也要

为了这个目的而留下这片雨林。”这就是许多巴西人的观点。因此，巴西人在2020年也毁灭了近1.5万平方公里的热带雨林。这样做是为了巴西人民，但具体是为了巴西的哪个人呢？而我们欧洲人呢？我们一边为热带雨林的消逝悲哀叹息，一边又十分欣然地购买着巴西以及与其同样处于原热带雨林区的邻国所生产的商品。涉及金钱、利益与政治因素时，进出口行业奉行的又是另一种道德准则。那么，我们该如何改变这种现状呢？答案就在本书之中。

引言
绿色腰带

这颗蔚蓝色的星球系着一条绿色腰带。从太空俯瞰，这条绿色腰带从赤道区域的大陆和岛屿延伸到海洋之中，熠熠生辉。构成这条宽度不一的深绿色腰带的正是热带雨林，或者更应该说是“曾经构成”，因为这条绿色腰带现在已变窄，而且千疮百孔。开垦雨林的活动正在不断吞噬它，它早已不是那么完整了。从太空望去，这条绿色腰带上留下的似乎尽是巨大的虫蛀空洞。在过去的 150 年里，超过一半的热带雨林被摧毁，毁林情况严重到难以想象。当今时代，焚林开荒的现象仍然存在，任何事都无法阻挡，所有人都束手无策，尽管我们早已认识到这些森林对我们所有人、对整个人类社会和全球生态系统有着怎样重要的意义。就面积而言，热带雨林不如北方的泰加针叶林，但它的生物多样性远胜泰加针叶林，而且更富有活力。因为这里既没有北方针叶林要经历的严寒，也没有热带和亚热带稀树草原要经历的干旱，树木的生长不会因此受到限制。由于地处赤道两侧的热带地区，热带雨林降水丰沛，如此大量的降水在我们这样气候温和的纬度地区会形成滔天洪水。这里的年降水量至少有 2.5 米，某些地区降水更多，极端情况下甚至会超过 10 米。洪水倾泻而下，对于任何一个第一次体验到这种情形的人来说，都仿佛是天塌下来一般。最大的河流来自南美洲亚马孙的森林，这条河流贡献了全球汇入南大西洋总水量的五分之一到四分之一，年平均流量超过每秒 20 万立方米。非洲的刚果河年平均流量位居第二，每秒大约 4 万立方米；莱茵河则是每秒 2000 立方米，仅有亚马孙河的百分之一或刚果河的二十分之一。这两条河流流量之巨大，我们仅仅从上述数据就可窥其一斑。事实上，森林和水流决定了热带雨林的自然环境。除此之外，风也起到了一定的作用，它从海洋上为雨林带来降水，属于维持水循环的热带风系。风透过云层将雨水洒向陆地，雨水又通过河流流回海洋。热带雨林内部是一片宽阔的两栖胜地，绝对称得上是一个完完全全的史前世界。尽管热带雨林会随全球气候反复波动而缩小或者扩大面积，但它们在人类历史上的大多数时间里仍然保留了森林带的样貌，直到我们这个时代的人们开始大面积地破坏森林。相比非热带区域的乱砍滥伐，热带区域的毁林行为有着更为严重的影响。

本书不仅涉及对热带雨林的介绍、对热带雨林破坏情况的介绍以及破坏雨林对人类和自然造成的后果，也有关于我们该如何保护好现存热带雨林的讨论。事实证明，我们这些所谓的第一世界的人对此应负很大的责任。18~19 世纪，人类的毁林行为随着欧洲殖民主义者对热带地区的开发而开始，殖民主义余孽至今犹存，仍然以某种方式延续着它的影响。我们所谓的“绿色能源”理念以及圈养动物显然都是在推波助澜。为了种植动物饲料和油棕，人们毁坏森林，开垦田地。过度发展的畜牧业已经超出田地的负荷，以多种方式影响了全球气候，对热带雨林造成了破坏性的影响。经济活动对热带地区的影响如此巨大，如果我们对此依旧选择视而不见的话，那么即使我们真的在德国乃至整个欧盟范围内实现了“气候中和”，这对我们及我们的子孙后代来说也是毫无用处的。我们破坏热带雨林的行为在多大程度上改变了气候，以及如果不停止过度砍伐的话还会损失多少物种多样性，这是本书三个核心主题中的两个。

第三个核心主题是向读者展现热带世界的独特性以及阐释保护它的现实可能性。

热带雨林对我们提出的要求不仅仅是恢复其损失面积这么简单。它是迄今为止地球上生物多样性最丰富的栖息地，人造的多样性和美丽在破坏后可以恢复，而大自然的多样性和美丽是不可复制的。我们所做的一切都会影响明天的定局。人类全新的地质时期，即人类世（Anthropocene），并不意味着一个美丽新世界的开篇，反而标志着人类已经成为地球的灾难，其严重程度堪比巨型陨石撞击地球。然而，即使同样作为始作俑者，也并不意味着所有人的罪行都是相同的。少数人表现得像寄生虫，一味贪婪地索取以满足自己的需求，使得绝大多数人不得不为此承担责任。人类缺乏的并不是知识和认识，而是对破坏行为的适度控制。我们应该、也必须制止此类行为——为了全人类和整个大自然。

第一部分

热带的生物多样性

绿色天堂还是绿色地狱

热带雨林孕育着极为丰富的生物资源，每片叶子的背后都暗藏生机。五颜六色、奇形怪状的花儿尽情地盛开。当阳光照到花间飞舞的小鸟身上时，它们的羽毛会像宝石一样闪闪发光。猴子毫不费力地攀上树藤，彩色的鹦鹉翩翩起舞，林间小路暗香流动。生活在这片天堂般纯洁圣地里的人们是大自然的孩子。由于环境常年湿热，他们也不需要什么衣服，年轻的母亲躺在摇摆的吊床里哺育孩子，猎人带着弓箭悄无声息地回到村庄，还带着一只捕获的野猪，紧接着便会有一场浓香四溢的烤猪盛宴。天堂的生活也不过如此吧，只是或许天堂里的树木不像这般茂密，这里只偶尔有几缕阳光能够照射到地面。这里或许与欧洲的森林差不多，只是这里有更多的物种，更为神秘，并且一年四季都保持温热。如果说欧洲的森林已经被看作是“绿色天堂”，那么热带雨林显然要更胜一筹，堪比仙境。

这样理想化的想象，与对未知原始家园的渴望有着千丝万缕的联系。让人意想不到的是，这一想象正是产生于冒险者和研究者将热带雨林看作“绿色地狱”的时期。那时他们这样描述热带雨林：在常年潮湿的环境中，衣服会发霉，真菌会先附着在皮肤上，然后侵入皮肤；人类会被各种蚊虫叮咬、吸血，并感染危及生命的疾病；某棵树的树根后面说不定就盘卧着一条毒蛇伺机而动，或者刚用大砍刀开辟出一条小路，毒蛇就趁人不备直接从树上下来；到了晚上，又有昼伏夜出的吸血蝙蝠，它们会攻击熟睡的人，津津有味地吸他们的血液。狡猾的土著居民会像古希腊神话中那位森林之神潘一样用呼叫声或笛音将迷路者引诱到森林深处，然后迷路者将再也找不到出路。“印第安人”或“俾格米人”被视为疾病缠身、多灾多难的种族，他们捕杀罕见的濒危动物，只为靠吃它们的肉再多活些时日。

天堂和地狱似乎存在着方方面面的联系，甚至可以完全相互转换。两种描述是现实生活中两种观点的体现。这两种观点并不是相互矛盾的，而是相辅相成的。只对其中之一坚信不疑的人是无法理解这一点的，因为他们会将另一种观点视作完全错误的想法。事实上，两者都是对热带雨林的现实描述。不管以何种方法，我们都应该保护好我们的热带雨林，它所拥有的丰富多彩的物种、多种多样的生命形式、超凡脱俗的美丽以及它的独一无二都值得我们用尽全力去保护。然而话说回来，只有不得不生活在热带雨林中，必须处在那样的自然环境中的人，才能亲身体验到那些或被夸大描述的危险。对人类来说，热带雨林并不是可以惬意休假的天堂。自然环境决定了人类天生就不是热带雨林的居民，而热带雨林本身也并不是一个丰饶的伊甸园。如何解决这个悖论是深入研究热带雨林两个方向共同的难点。因此本书的第一部分

着重讲述了森林中的生活条件。只有当我们有足够的了解时，才能理解前人对热带雨林开发利用的方式和后果，并希望未来能出现更好的解决方案。

对热带雨林的第一印象

世界三大热带雨林区分别位于亚马孙地区、刚果盆地和加里曼丹岛。若是有人想要探访热带雨林，就要做好遇到前文中提到的危险的准备。撇开那些冒险闯入热带雨林并分享他们在“绿色地狱”中如何险境求生的探险家不谈，人们走进热带雨林的另一个原因是对独特的热带奇异景观的向往。在吉卜林的《丛林故事》（*Jungle Book*）中，人类幼崽莫格利近距离接触了猴子、豹、老虎、熊、大象等动物。但是印度的热带丛林并不是我们将要描述的热带雨林，而是数千年以来人们对其有着充分利用的热带季雨林，实际上并不属于热带雨林。那么，在亚马孙地区我们有望看见哪些动物呢？猴子是肯定有的，还有比豹（花豹）更大更强但是比老虎小的美洲豹，不过没有大象和熊。亚马孙的大食蚁兽十分罕见，它是与大象、熊截然不同的动物。当然也会有鹦鹉和其他五颜六色的鸟类，例如蜂鸟——拥有特殊飞行方式的小生物，后文会更详细地对其进行描述。超凡脱俗的绝美蝴蝶自然也是其中一员。然而仅凭第一印象是无法将全部美好尽收眼底的，热带雨林的第一印象带来的往往是彻头彻尾的失望：叶子绿得有些沉闷，甚至令人厌恶；茂密的树木一眼看过去只能区分出是棕榈树还是非棕榈树，怎么也看不出它能开出满树繁花；甚至连起初还算优美的鸟鸣都会逐渐失去存在感，更准确地说，声音是嘈杂混乱的，因为尖锐的蝉鸣刺耳烦心。

我们平日常见的动物在这里几乎看不到踪影，但当我们伸手去抓藤蔓、把小路间的树枝压到一边，或者坐在倒下的树干上时，又会感到钻心的疼痛。蚂蚁和白蚁的数量对亚马孙雨林中动物的生存有着决定性的影响。在我们发现白蚁巢穴之前，它们一直隐藏在我们的视线以外。白蚁会在分叉的树干上筑巢定居或者直接依附在上面，整体看来是个挂在上面的黑色球状物，几乎与树融为一体，很难分辨。它们会筑造像粗壮的血管或者奇特的树根一样的管状通道，并延伸到地面。白蚁畏光，在它们不能建造地面巢穴的地方，比如河流的泛洪区，它们就会转移到树梢。我们很难通过这些“血管”通道搞清楚它们究竟有多常见，即便蚂蚁在热带雨林中种群不计其数，以我们对它们的有限观察，还是很难弄清其活动频率。就连专门研究白蚁和蚂蚁的动物界专家们也间接表达了相同的观点。

了解数量比例是第一印象中重要的一环。如果以一公顷热带雨林土地为单位，白蚁和蚂蚁的动物活体重量比猴子、鸟类、甲虫和蝴蝶等其他动物加起来还要多。这也意味着，我们在探访热带雨林时期望看到的野生动物其实非常难见到，多样性和稀有性是一体的。这将是很重要的一课，影响深远。第一印象是真实的，也很重要。当我们探访这类基本上还处于自然状态的热带雨林时，映入我们眼帘的并不会是非洲塞伦盖蒂大草原上那样恢宏壮阔的动物世界。我们看到的将是一片树木茂盛葱郁的绿色景观，是一个多彩的植物世界。穿梭在这个植物世界中，重要的是要留心我们迈出的每一步，尽可能避免触碰各种藤蔓，除非我们能确定它们上面没有蚂蚁，要是被咬一下那可会让人疼痛难忍。与东南亚的雨林不同，亚马孙的雨林里没有潜伏的蚂蟥，但凡是有路的地方，都可能存在螨虫（跳蚤），当它们钻入我们的皮肤时，会带来刺痛感，并引发瘙痒、发炎。在有蚊子的地方，我们可以肯定，正是人类的定居点为其提供了繁殖地。正因如此，我们要防范疟疾以及其他一些由蚊子传播的热带传染病。

突然间，一阵嗡嗡声吸引了我们的注意力。之前的一切此时完全被我们抛在了脑后，我们意识到自己被盯上了。一只蜂鸟就在我们面前，大概隔着一臂的距离，前后左右飞来飞去，明显是在观察我们。我们显然不知道是否该跟它打个招呼——如果是的话，怎么才能让它看懂呢？蜂鸟的羽毛闪耀着翠绿的光芒，雌鸟的羽毛颜色较为暗淡，雄鸟的羽毛则较为鲜艳，是火红色、宝蓝色或者紫色的。转眼间，这个小家伙消失了，仿佛刚刚所见只是幻觉。然而，在阴暗的道路上又有一道蓝光向我们袭来。当它经过我们身边的时候，我们意识到这是一只蝴蝶，比手掌还要大，翅膀上闪着蓝光。这是闪蝶属（*Morpho*）的一种蝴蝶。

突然间，我们听到了鸟类的歌声，至少我们想把它当成鸟类的歌声。除此以外还有此起彼伏的鸣叫声，我们不确定它们是来自蛙类还是鸟类。尖锐的鸣声是不是蝉发出的？也许是，也许不是。响亮的锤击声响彻森林，然而这声音并不是来自铁匠，而是来自一只鸟。叽叽喳喳的叫声和啾啾的鸣声可能来自猴子与鹦鹉。大部分情况下我们都是空闻其声，因此很难将声音与发声者一一对应。只有内行的专业人士或者有着多年丰富经验的人才能分辨这些鸣叫声。

这里的情景与东非、南亚和东南亚国家公园中那些游历经验丰富、足迹遍布世界的大自然爱好者们所熟悉的情景完全不同，在那些地方，人们可以躺在舒适的躺椅上，一边手拿双筒望远镜，一边通过百科图册来研究多姿多彩的鸟类世界，并借此尽情地享受观赏大型野生动物的全景视野。织布鸟（*Ploceidae*）或是被喂食站所吸引，飞到小屋的门廊上，或是已经聪明地学会了从端着食物和茶点的游客那里讨要一些吃的。亚马孙鸟类与非洲和亚洲的织布鸟很像，筑造袋状的悬挂式巢穴，经常与黄蜂生活在一起。黄蜂的蜇咬是难以忍受的，任何生物胆敢稍微靠近巢穴，就会遭到攻击。小鸟从不会成群结队地出现，与东非和印度的同类动物相比，亚马孙地区的许多小鸟都表现得非常谨慎和安静，尽管地球上四分之一的鸟类物种都仅仅生活在亚马孙地区。

我们在对热带雨林的第一印象里所经历的一切已经开启了我们进一步认识热带自然的大门。土著居民对这片自然的特殊性早习以为常，数千年来，他们一代又一代人扎根在这里，早已适应了这里的种种。令人意想不到的是，热带雨林土著居民的生活方式与世界各大洲居民的生活方式竟然出奇一致——尽管从长相上就能看出来，热带雨林土著居民的种族起源是完全不同的。他们的生活方式也让我们了解，如果想要在热带雨林中长久地生存下来该怎么做。我们也将会理解，为什么说在这些常年潮湿的森林中会遇到成群的吸血蚊子既是对的又是错的，对是因为这种地区确实存在，错是因为其他大部分地区几乎没有蚊子。

然而，不是仅凭蚊子和其他吸血生物就能决定雨林居民是必须穿衣服还是可以赤身裸体，更重要的是穿着潮湿的衣服是否会导致人们感染皮肤真菌。除此之外，人们能否从食物或饮水中摄取足够的矿物质也十分关键。在这些日常的问题面前，那些喜欢博人眼球的畅销书作家所写的凶猛野兽带来的危险都得退居其次。人类能否在热带雨林中生存和生活下去的关键不在老虎、花豹或美洲豹，而在那些小到看不见的、会引发疾病和缺陷症状的致病因素。

东南亚的雨林中虽然会有大象出没并在很大程度上破坏植被，但前提是要有这样的植被区。在土地承载量不足的地方，这是不可能的，大象存在的意义也完全不同，比如对于刚果的俾格米人来说，大象算是丰盛而宝贵的肉食来源。大象、水牛和森林羚羊等大型动物不生活在亚马孙雨林中，但在非洲和东南亚却可以找到它们的身影，这也是不同雨林各自拥有不同作用的重要证明。亚马孙地区最大的哺乳动物是貘，其大小连非洲和亚洲哺乳动物的中等水平大小都比不上。此外，这种动物也是十分稀有的。

为什么亚马孙地区缺少大型哺乳动物？来自欧洲和南亚的牛在此有无生存的机会？后果又是什么？亚马孙周边的大片土地已经被开辟为牧牛区。卫星图像显示，牛群的牧场和大豆田正在不断侵蚀热带雨林，无论是从巴西、加里曼丹岛还是刚果地区走进热带雨林，我们都可以非常直观地看出这一点。为什么会发生这种情况？这也是关键问题。为了回答这些问题，我们有必要将热带雨林的特殊性质纳入考察范畴。

中美洲热带雨林

乍一看丰富多彩、让人目不暇接，这就是哥斯达黎加雨林给人的第一印象。与全球众多国家相比，哥斯达黎加的领土面积微不足道，但就生物多样性而言，该国却名列前茅。这个连接着北美洲和南美洲的热带国家位于中美洲的狭长地峡，拥有的鸟类种类比整个欧洲还要多，也有更多种类的蝴蝶和其他昆虫，甚至还有美洲豹这种新大陆最大和最强壮的猫科动物。拉丁美洲人常说的美洲豹也被称为“El Tigre”，它在重量和力量上要远远超过非洲和南亚的豹子，这两地只有狮子和老虎的体形比美洲豹要大一些。哥斯达黎加风景宜人、社会文明，然而这里的人们却与美洲豹和其他众多被欧洲人和北美人视为“极度危险”的动物生活在一起。

相比上文的凶猛野兽，无生命的自然力量往往对他们的生活和工作起着更为重要的决定性作用：频发的地震、伴随地震的火山爆发、狂风暴雨以及洪水灾害。但这些也恰恰是中美地峡物种多样的关键所在。“地质构造运动”即火山爆发和地震会产生碎石，这在一定程度上可以定期为土壤提供有利于植物生长的矿物质。

获得了充足营养的植物又促进了动物世界的发展。在哥斯达黎加、巴拿马、危地马拉及邻近地区，单个物种的数量远远超过广袤的亚马孙地区，动物整体的数量也十分庞大。丰茂的植物造就了动物的繁盛。格查尔鸟（quetzal，又名凤尾绿咬鹃）被阿兹特克人和玛雅人视为神鸟。如果说它背部无与伦比的翡翠色羽毛已经令它神鸟的名号当之无愧，那么它胸部和腹部的鲜红色羽毛就让它更加光彩夺目。雄鸟的背部拖着两根比身体还要长的鲜亮尾羽。在树木之间飞行时，这些尾羽会像精心设计的绿色波浪一样闪闪发亮，在鸽子般大小的鸟儿身后流动。外表华丽的雄性格查尔鸟溜进树洞筑巢时，经常可以看到它的长尾羽从洞口伸出，在树梢间随风飘荡。如今格查尔鸟的栖息地扩展到了中美洲的山地雨林。欧洲人侵入此处以前，格查尔鸟的羽毛被视作比黄金还贵重的物品，印第安统治者用它们制作斗篷作为权力的象征。羽毛的绿色要比祖母绿宝石的绿色更华美，更有光泽感。格查尔鸟主要以牛油果为食，我们无法确认究竟是牛油果中的哪种物质让它拥有了如此绚丽的羽色，或许是因为祖母绿般的光泽并不是一种“真实的”颜色，而是羽毛表面的精细结构反射绿色光，形成了一种温和的、天鹅绒般的光泽。它腹部的红色则是一种真实的颜色，是染

1. 中美洲热带雨林

料中真实存在的，我们在中欧的鸟类身上就能见识到这种颜色，例如红腹灰雀（bullfinch）的红色以及红额金翅雀（goldfinch）面部更深的那种红色。

在我们眼中与丛林完美适配的这种绿色，在不同的蜂鸟身上又表现为从绿色到蓝或紫色的不同光泽。在哥斯达黎加有52种不同的蜂鸟，它们无处不在，尤其在花朵竞相绽放、蜂蜜诱人的地方更为常见。那些以蜂鸟为传粉媒介的花朵用自身的鲜艳红色吸引蜂鸟，这种红色甚至也“刺激”着我们的眼球，因为我们像蜂鸟一样可以看到这种红色，但蜜蜂和其他昆虫却看不到。对这些主要的传粉媒介来说，花朵是否为红色没有任何影响，在它们的视觉世界里只有深色和浅色的区别。生物世界的奇妙之处就在于总是时不时给人带来动人心魄的体验。蜂鸟会飞向“烈焰红唇”，仿佛要亲吻邂逅的女士，在哥斯达黎加的热带大自然中，这种“问候方式”绝对是让人难以忘怀的。

尽管有大量花朵争奇斗艳，呈现让人叹为观止的美景，但它们仍然相当罕见。在热带地区的任何地方都是如此。除了植物一年四季都在开花的花园和绿化区以外，只有对雨林有充分了解的人才能找到像图中右侧的蜘蛛兰这样奇特的花朵。与之相反，不能忽视的是附着植物，即附生植物，它们的存在表明，它们可以以空气中的灰尘为食——包括来自遥远的撒哈拉的、被信风卷来的含有养分的尘土。哥斯达黎加有超过1100种不同的兰花。

在数量和生态重要性上占主导地位的蚂蚁往往只有通过仔细观察才能被识别出来——不论是在图片中还是在自然世界里。像熊蛾（*Anaxita decorata*）这样引人注目的彩色蝴蝶，在白天会通过完美的伪装来隐藏自己，但到了晚上，它和许多其他蝴蝶就会出现在有光源的地方。由此，物种的多样性得以显现。

难以估量的生物多样性

在亚马孙地区有超过1500种不同的鸟类。如果算上亚马孙河的发源地安第斯山脉以及相对欧洲来说两个巨大的河流流域——委内瑞拉的奥里诺科（Orinoco）河和哥伦比亚的马格达莱纳（Magdalena）河流域，这个范围几乎相当于整个欧洲，但鸟类物种数量要比欧洲高出三倍。当我们将目光投向小国哥斯达黎加时，这个国家物种的丰富程度更加让人震惊，虽然它只有德国巴伐利亚州的三分之二大小，但那里的鸟类物种比整个欧洲都要多。有236种哺乳动物生活在哥斯达黎加，还有140种青蛙和蟾蜍类，以及228种爬行动物。据记载，天蛾科（*Sphingidae*）生物有121种生活在哥斯达黎加，而美国和加拿大加起来才115种；在哥斯达黎加有约550种蝴蝶，在欧洲和非洲西北部总共才440种。这样的例子数不胜数。对于物种特别丰富的群体，如甲虫、蝴蝶或臭虫，只能给出大概的数字或估测，因为热带地区丰富的物种还有待发现。但规律是显而易见的：在热带雨林内部，即潮湿的热带地区，绝大多数动物和植物群体的物种数量都在急剧上升，甚至呈现幂增长的形式。想要比较物种丰富度，就不得不将土地面积也纳入参考，这样一来就算将哥斯达黎加的土地面积看作和巴伐利亚州一样大，那么这个热带国家的青蛙和蟾蜍类物种也是巴伐利亚州的10倍以上，爬行动物是其20倍以上，天蛾类物种几乎是其10倍以上（或者明显高于10倍，因为在巴伐利亚有一些迁徙而来的天蛾类生物也会被纳入计算）。热带雨林中的树种也异常丰富，只有专家才能将它们一一识别出来。在德国常见的以及经常用于实地研究的百科图册对此并没有详尽的介绍。仅委内瑞拉留下的树种的记载就超过 2400 个，一平方公里的土地上可以找到几百个不同的树种。在一公顷大小的研究范围内，每棵树都可能是不同的种属。在外行人看来完全一样的树木可能是完全不同的种属，甚至是不同科的植物。

亚历山大·冯·洪堡（Alexander von Humboldt，1769~1859）在他的《新大陆热带地区旅行记》（*Äquinoctialgegenden des neuen Kontinents*）一书中记载了他壮阔的游历探险过程，并对植物的物种丰富度进行过推测，因为他的同伴埃梅·邦普兰（Aimé Bonpland，1773~1858）是一位优秀的植物学家。两人都被热带的自然环境深深吸引，沉醉其中，完全不顾吸血昆虫和其他害虫的折磨。但直到半个世纪后，动物学方面的研究人员和标本收藏家才将这个起初让人难以理解的物种宝库呈现在人们眼前。这里就不得不提到两个重要人物，亨利·贝茨（Henry Bates，1825~1892）和阿尔弗雷德·R. 华莱士（Aifred R. Wallace，1823~1913），他们二人远征亚马孙收集物种。他们让其他研究人员意识到，物种丰富度具有特殊意义。但他们无法解释，为什么他们发现的绝大部分物种都如此稀少。无论是在收集甲虫还是在蝴蝶的标本中他们都发现，收集十几个不同的物种要比收集一个物种的 5 个或者 10 个标本容易得多。人们当时普遍认为，这

种稀有性是人为的，因为河流两岸多多少少有一些人口定居。在当时以及进入20世纪后，河流成了人们穿梭其中并更深入探索广阔森林的道路。

20世纪中期后问世的画作将人们对热带雨林动物世界的美好印象展现得淋漓尽致。色彩斑斓的画作呈现了丰富多彩的动物生活，每棵树上都有一只热带鸟类、一条蛇或一只巨大的蜘蛛，又或者有一只美洲豹正站在树根间虎视眈眈地盯着一只正在四处觅食的猪或西猯（peccary）。蓝色和红色羽毛的鹦鹉与其他鸟类站立在树冠上，它们是如此与众不同，因为在美国或欧洲没有可以与之比较的物种。当然，蜂鸟和闪闪发光的大闪蝶、盛开的烂漫兰花也是必不可少的，诸如此类的画面展现了人们印象中的美洲热带雨林。非洲有大猩猩、黑猩猩、20世纪初才被发现的森林长颈鹿即霍加狓（okapi），东南亚则有猩猩、长臂猿、犀鸟以及被称作世界上最美鸟类的新几内亚极乐鸟。

诚然，这些动物都是真实存在的，没有哪种动物是凭空捏造出来的，或者像人猿传说那样是道听途说而来，但是它们在热带雨林中的生活并不像在森林动物园中的那般精致。对于许多被画作吸引而前往美洲、非洲或东南亚热带地区的人来说，真实情况往往让他们大为震惊。正如一开始已经提到的，一些森林，尤其是那些尚未受人类影响的森林里被证实几乎没有动物。结队穿行在东非国家公园中，一天之内看到100种甚至150种不同的鸟类并不是多难的事情。在德国，找到一个合适的位置一天内也可以看到100种鸟类。然而在热带雨林中，想要看到这样物种丰富的画面，恐怕要花费数周或数月的时间去探索才能实现，除非身处一些绝佳的观景地点，那些地点也会因此成为“赏鸟者”观赏的“热点区域”，并迅速出名。然而这类地点往往到处充斥着蚂蚁，白蚁也随处可见。

弄清产生这一现象的原因具有双重重要意义。首先，这种情况往往会给人破坏这片或那片森林不是什么要紧事，反正里面几乎没有动物生存的感觉。在没有动物踪影的地方坚持保护森林，要比在那些动物成群、生机勃勃的地区困难得多。这也是为什么尽管动物园在参观路线上比受保护的大自然限制更多，但也比德国的大多数自然保护区更有吸引力。其次，这涉及对稀有性的理解。生物多样性与稀有性之间存在着怎样的联系？热带雨林常年如一的温度、光照和湿度创造了优越而稳定的生活环境，为其中的所有物种提供了最佳生存和发展条件，因此拥有极为丰富的生物多样性。德国森林的环境条件显然与常年潮湿的热带森林不同。或许德国森林中的生物多样性本该更为丰富，然而气候极端的冬季和不断变化的海拔高度也是我们不得不考虑的结构性因素。科学生态学的一个普遍发现是物种多样性高度依赖于结构多样性。结构单一的广阔生态区域的物种丰富程度远远低于结构多样的生态区域。因此，传统农业实际上提高了我们生态区域中的物种丰富度，而现代工业化农业则大幅降低了物种多样性。

最后，以合理可靠的计算数据为基础，我们还应该知道气候变暖将对地球的生物多样性产生怎样的影响。由于热带地区的生物多样性急速增加，人们认为气候进一步变暖将会促进生物多样性提升，而不是给它带来危害，更不会在很大程度上对它产生破坏。热带生物多样性是如何产生的，最初只有专业研究人员对这个问题感兴趣，但实际上这个问题具有重大的普遍意义。它与地球上生命的未来息息相关。因此，我们有必要更仔细地研究热带雨林的生物多样性。基本生存条件、食物来源、如何繁衍后代、如何抵御天敌和疾病，以及如何与其他物种竞争，这些是每个物种都必须要面对的。但要把这数百万种热带雨林生物的所有基本情况都弄得一清二楚，显然是一项无望完成的工程，事实上也没有必要这样做。这方面的科学知识已经很丰富，借助一些适当的例子就可以说明热带雨林中物种的生命特殊性。当务之急是我们应该弄清楚，为什么热带雨林中的物种如此丰富。

能够提升物种丰富性的地理环境

每个物种都有自己的小生境（ecological niche），这是生态学的一个基本概念，然而对这个概念的表述却五花八门，莫衷一是。有一种生动具体的描述是“自然之家”——在许许多多的“楼层”里有着各式各样的“房间”，每个物种占据着自己的“房间”，也就是自己的“生境”。另一种描述则完全不具备具体形象，是数学概念上的“多维空间”，任何一个物种与环境的关系就是一个“维度”。这两种方式都不太适合我们当前想要描述的关系，因为前一个表述过于僵化、过于静态，而后一个则借用数学方式来描述物种是怎样的、它们做什么，这两种描述方式对我们理解生物多样性都作用不大。用“自然之家”来理解小生境的概念甚至造成了一个错误的印象，它让人以为各种生物都有固定的位置，遵守规定的秩序。然而自然界是变幻的，生命是动态的，因此才为生物进化提供了可能。倘若自然是恒定而持续不变的，那么也不会有什么生物进化，更别提人类的出现了。

通过前面的叙述我们应该了解，我们不应把目前的状态视为恒定，而应把它看作发展的。发展既发生在非生物自然界，体现在气候变迁、水循环、地球诞生以来长期的大陆漂移以及剥蚀风化上；也发生在生物自然界，体现在新物种的诞生和扩散、物种迁移以及它们在某一处出现的频率上。回顾一下自上个冰河时期结束以来欧洲和北美的自然界发生的变化，便可以清楚地看出这一点。1.8 万年前，巨大的冰原覆盖了北美洲和北欧的大部分地区，以及低纬度地区的高山。那时的气候寒冷而干燥，森林面积萎缩，仅剩下南方尚残余一点森林。严寒荒原的面积持续扩大，土壤被冻结，河流的水量很低，甚至在热带地区也是如此，因为海平面下降了 100 多米，降水远远少于间冰期。

在上个冰河时期（更准确地说是亚冰期）的高峰期过后的几千年里，情况开始有所缓和。冰山融化，河流涨水，雨量增加，森林范围再次扩大。冰河时期的动物体系被另一种结构的动物体系取代，以适应更温暖的气候，并使动物们能够在残余森林中幸存下来。最后一个冰河时期结束时，通过东北亚和阿拉斯加之间裸露的陆地通道，人类狩猎和采集食物的足迹开始出现在欧洲、亚洲和北美洲。或许是由于人类的大肆捕杀，许多大型动物灭绝了，所以它们在当今这个时代没有像在间冰期时一样存活下来。随着农业的发展和传播，冰后期即科学上所称的全新世成为人类的时期，即人类世。

人类的影响几乎贯穿了整个冰后期植物和动物体系的发展史。只有位于海洋中位置非常偏远的几个岛屿幸免于难，然而随着远洋航海技术的发展，它们最终也没能逃过人类的影响。在这些条件下，热带地区的雨林也在冰后期发展起来。在亚冰期，森林依旧呈萎缩状态，因为它们得到的降水太少。由于土壤层非常浅，因此特别难以复原当时的情况。这在北方大陆要容易得多，因为开花植物的花粉被保存在高沼地中，通过逐层分析，可以提供有关植物体系变化的信息，重构最后一个冰

河时期之后森林的发展。以德国为例，德国从气候上看位于欧洲相当中心的位置，西边是大西洋海洋性气候，东边是大陆性气候，几千年来不同的树种前后相继，但是由于农业的扩张以及人类的砍伐开垦，森林并没有恢复原貌。因此，从18世纪开始的对动植物出现和常见程度的记载，只为我们提供了一个当时的画面，但不是冰后期发展的最终状态。

我们是否可以认为，当欧洲科学家在200年前开始探索热带地区的雨林时，这些雨林就已经进入一种持久的状态？有些人认为这是有道理的，因为热带雨林只是在冰河时期气候周期性的波动中，随着冷热交替的剧烈变化而循环往复地收缩和扩张，但并没有像非热带地区那样迁移。因此，它们可能有好几百万年的历史，而不是像北美和欧亚大陆的森林那样只存在了几千年。另一些人则认为，是近现代的地质变化造成了这种改变，因为通过仔细观察——特别是对动物物种的观察——人们发现了多种所谓的物种群落和岛屿形态，尽管雨林在此之前已经形成了大的封闭区域，并且这种形成过程直到不久前都还在继续。但是，为什么巨嘴鸟和猴子在亚马孙、刚果盆地或整个东南亚群岛的栖息地是如此相似，而这些地方还星罗棋布地分布着如此多的近缘或相似物种呢？事实上，物种之所以特别丰富，是因为岛屿众多，仅印度尼西亚就有1.4万多个，另外还有菲律宾和新几内亚以东的岛屿。然而，没有岛屿的亚马孙地区的物种多样性同样极为明显，甚至更为明显。

这个问题不仅专家感兴趣，甚至涉及热带地区自然保护工作的核心问题。因为如果生物多样性是以群岛状或镶嵌状自然分布的，就可以证明岛屿造就的雨林变迁是合理的，岛屿上能够保留丰富的物种。不过，前提是确保这些森林岛屿能保持足够大的规模，因为这大致是亚马孙地区冰河时期高峰期应该有的样子。在间冰期形成的森林缩小成岛屿般的形状，在此期间，草原延伸开来，形成类似今天的非洲大草原或者巴拉圭的大查科平原那样的荆棘丛地貌。大约 1 万年前，海平面急剧上升，淹没了今天的岛屿基底，昔日广阔的东南亚雨林以一种形态不同、但结果类似的方式成为一个真正的岛屿世界。新几内亚从澳大利亚分离出来，加里曼丹岛、苏门答腊岛以及其他岛屿从马来半岛分离出来。因此，目前的岛屿世界还很“年轻”，并不是“自古以来”就维持着这样的状态。

这是否与生态学和生物地理学的一个基本理论相矛盾，即物种丰富度在很大程度上取决于面积大小（面积越小，生活在该面积内的物种越少）？在我们的人造景观中，大部分自然区和保护区通常只剩下很小的残余部分，这使得依赖于区域面积大小的物种丰富度面临巨大的问题。许多保护区太小，无法实现预期的保护功能。因此，在寒冷时期，雨林地区的萎缩本应该导致物种丰富度的降低。但很多迹象表明，在冰河时期的循环往复变化中，物种的丰富性反倒有所增加。许多岛屿实际上比同等面积大小的陆地有着更为丰富的物种。以地中海为例就不难看出这一点。地中海地区的物种远比面积更大的大西洋和中欧气候区丰富得多。岛屿、半岛、山脉和山谷等反差强烈的地形有利于提高生物多样性，实际上也有利于新物种的出现。地理隔离通常是物种形成过程中最重要的先决条件。在物种的主要活动区，由于某些地理方面的阻碍，如生存条件完全不同的高山、海洋、陆地，会发生某些物种的种群间彼此不能相遇的情况。渐渐地，一个种群就会出现与母群的差异，而差异会逐渐积累放大，最后导致这一种群与母群之间完全无法“交流”，不再适配。最终结果就是在地理隔离下形成新的物种。人类世界中也有这样的现象，如在类似情况下会很快产生新的方言甚至新语言。

回到小生境这个话题。如果说新的物种或者明显不同的亚种是通过地理隔离产生的，那么就存在两种发展的可能。如果地理和生存条件的差异阻碍了种群间的交流，那么不同种群就将在不同空间中平行发展。但是也存在另一种可能——它们会再次相遇。东南亚岛屿群就是这样的情况，当海平面因新的冰河时期下沉之时，各个岛屿会重新联结在一起。冰川期后的亚马孙地区也是如此，森林再次延伸并结合在一起，形成了一个巨大的热带森林区。这样一来，以前诞生在森林岛屿上的物种就可能再次相遇。它们能认出对方吗？还是说它们完全把对方当作另一种物种？这两种情况都有发生，但是相比于接纳对方，把对方当作另一个物种的情形更多。它们分布的地点会相互交错，但是并不重叠。它们不会像德国的山雀和燕雀、啄木鸟和鸽子、老鼠和蝙蝠那样出现在同一栖息地的不同特定小生境，而是出现在显然是相同的小生境中，但彼此隔开，互不干扰。这意味着巨嘴鸟、鹦鹉、猴子以及蝴蝶和其他昆虫的各种姊妹物种是不能共处的，从生态学的角度讲，这叫互不兼容。

与东南亚的岛屿一样，亚马孙和刚果盆地的生物多样性分布特点也明显呈岛状。通常情况下，一条较大的河流就足以作为非常相似但分开生活的物种之间的边界。这方面最引人注目的例子可能是刚果河分隔了倭黑猩猩与“真正的”黑猩猩。倭黑猩猩只生活在刚果河南岸，黑猩猩则生活在刚果河的北岸和东岸。不断深入的研究显示，镶嵌状分布模式显然是热带物种多样性的典型特征。这也展示了历史的脉络，展示了过去几千年和几万年的气候史，甚至可以追溯到更远的更新世，即250万年前的冰河时期。植物界的

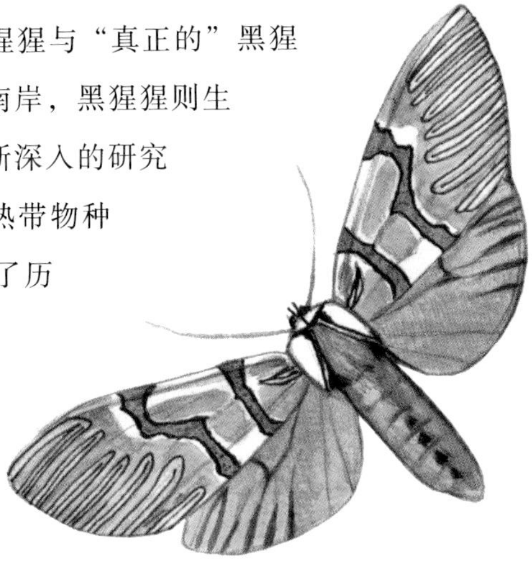

发展情况可能也符合这一说法，特别是对于树木来说，它们的物种极其丰富，但其中只有一小部分可以通过典型特征以及由生存条件决定的分布区来确定。热带雨林蕴藏的生命活力远超人们的想象。得益于热带内陆的地理优势，热带雨林在很大程度上躲过了冰河时期的巨大变迁——也因此保存了一个“古老”的动物和植物世界。这样的“原始物种”是真实存在的，因为热带雨林还有稳定的特点。正是这种变化与稳定的紧密交织，使得我们很难理解热带雨林中发生的一切。

亚马孙地区——森林和水流

最大的河流会引发最凶猛的洪水，这在逻辑上似乎相当合理。但亚马孙河水量增长和洪水泛滥之间的关系已经超过正常范畴，这对亚马孙雨林造成了影响。原因很简单，但不容易看出来。亚马孙河从安第斯山脉的东部边缘，也就是上游源头自高山流出的地方开始，在之后长达3000公里的流程中，在多条河流汇合形成主河道之前，几乎没有什么水流落差。亚马孙河最终汇入南大西洋，没有落差使得大西洋海潮可以溯河直上，深入几百公里。以内格罗河为首的来自北方的大型支流以及来自南方的支流如马德拉河和托坎廷斯河，一直到最终汇入亚马孙河，在数千米的流程中也没有任何明显的水流落差。在雨季高峰，水流不可避免地增大，会产生超过每秒30万立方米的水流量，那情景几乎是难以想象的。河流附近的森林会被大面积淹没长达几个星期，有时甚至几个月。这时就会出现一个两栖世界，鱼儿在原始森林的树冠上游来游去，水生植物纠缠在一起，形成一个巨大的浮岛漂往下游。在一些洪水淹不到的地方，这些植物会向上生长10米到15米。此时大部分的生物都活动在水下或者树冠高处，滂沱大雨落在它们身上的情况要持续些日子。

离河流较远的地区也会受到洪水的影响。有一些地方，上百公里都看不到河岸，因为树冠和洪水斑驳间杂，难以辨识。亚马孙并不是所有种类的树都能忍受长期的洪水浸泡，因此河流附近的树相比河流不经过的地方的树种类要少得多，这些河流不经过的地方就是巴西人所说的“坚实的土地”。这种地方的水量也是非常充足的，是从天上落下来的雨水，但这里仍有“坚实的森林土地”，生长在这里的树木，繁衍方式与洪泛区的树木不同。在这里，不仅有凯门鳄（caiman）潜伏在水中寻找猎物，鱼儿也期望着听到某处响起“扑通”的落水声，因为这证明有果实掉落。它们会争先恐后地冲向果实，那架势很像让人类和牲畜都很害怕的食人鱼，当这种鱼扑向一个（受伤的）猎物时，猎物很快就会只剩下一副骨架。在德语中，食人鱼被十分直白地称为“锯脂鲤”，因为它们的前牙是由三角形的锐利牙齿组成的，能像锯子一样切割食物。根据特点来看，这种鱼类属于脂鲤目（*tetra*）。尽管对这些鱼的一些描述是耸人听闻的艺术夸张，但这并不会改变一个事实：当它们非常饥饿时，它们远比亚马孙水域的凯门鳄和巨蟒更加危险。任何用鱼竿钓到它们的人都不会忘记它们用牙齿啃咬连接着鱼钩的钢制鱼线时发出的脆响。

2. 亚马孙地区——森林和水流

从人类的角度来看，河豚则是相当友善的动物，因为它们只捕食鱼类，从不攻击人类。它们会成群地围绕着小船或者独木舟嬉戏，给人带来一种平和安逸的感觉。其实，水下时刻都在进行着生存之战。首先，当洪水来临时，一些物种赖以生存的食物会变得紧缺。凯门鳄是主要的鱼类捕食者，但与亚马孙河流域的大型水獭——巨獭相比，它们可以饿很长时间，而巨獭作为哺乳动物，却几乎每天都需要获得食物。枯叶龟（matamata turtle）也有等待的耐心，可以等到洪水退去后露出沙岸，再上岸产卵。爬行动物的优势是与哺乳动物相比极低的新陈代谢，它们每天需要的食物只有相同体重哺乳动物的五分之一到十分之一。

亚马孙地区天然存在的少数大型哺乳动物有一个特点，那就是基础代谢率明显较低。貘是亚马孙地区最重的哺乳动物，几乎有野猪那么大，其新陈代谢强度的降低还并不明显。但是，生活在树顶上的树懒则非常“慢”，基础代谢率只有普通哺乳动物的一半。它们其实并不“懒”，它们的慢是生存的需要。貘和树懒都能出色、持续地保持游泳状态，貘在游泳时会将长鼻露出水面。与之相反，生活在树顶上的猴子则要尽力避免落入水中，落水对基本上不会游泳的它们来说是双重的生命威胁，因为它们将无法在食肉鱼类和鳄鱼面前保住自己的生命。

因此，在这个罕见的水生世界里，最常见的蚂蚁即以真菌为食的切叶蚁，和翅膀闪烁着美丽天蓝色的闪蝶等大型蝴蝶都能保持数周和数月的生命力，也不是多么令人惊讶的事情了。生活在亚马孙闷热潮湿的热带环境中，它们的生命比一般欧洲初夏森林中的蝴蝶要长一些。鸟类则得益于自身的飞行能力，生活得悠然自在。色彩斑斓的巨嘴鸟凭借良好的颜色视觉，能寻觅到硕果累累的树木。出现在亚马孙两栖世界的鸟类和鱼类均已达到数百种。

稀有的美洲豹、常见的甲虫和濒临灭绝的树懒

直到20世纪末，探险队、电影摄制组和旅行作家仍在刚果雨林中寻找一种被俾格米人称为魔克拉姆边贝［Mokélé-mbembé，又称泰莱（Tele）湖水怪］的神秘动物，据说这种动物是恐龙的一种，传闻中是在原始森林中一个环形湖泊泰莱湖中被发现的。该湖泊位于一片广阔且人类难以进入的沼泽之中，极有可能是由陨石撞击形成的。发现这种动物的概率就和在亚马孙地区发现仍存在一种名叫“玛平瓜里”（Mapinguari）的大地懒的概率一样低。恐龙在6600万年前由于一块巨大的陨石撞击地球而灭绝。在数亿年的时间里，这一曾经种群繁盛的生物只有一个分支演化成鸟类存活下来。与100多年前在中非大森林中发现的森林长颈鹿（霍加狓）和刚果孔雀不同，恐龙完全没有幸存的机会。与恐龙不同，大地懒是在最后一个冰河时期即将结束时才灭绝的。许多证据表明，它们是被这一时期侵入南美洲的人类消灭的。这批人类作为欧洲—北亚人种的后裔，经北美洲迁徙至南美洲，并在几千年前定居亚马孙地区。如果欧洲人和他们与印第安部落的“混血儿”一直都没有涉足雨林地区的话，这些罕见的动物倒是很可能会继续存活下去。但除了骨头化石，在亚马孙并没有发现这种动物幸存的痕迹。

然而，大地懒有一个仍旧存在的近亲——树懒。它们与另外两

个非同寻常的物种——犰狳和食蚁兽一起，展现了所谓“新热带界”（Neogaea）地区哺乳动物的特征。中美洲和南美洲是一个物种分布相当独特的地区，另一个与之相似的特殊地区是澳大利亚。因此，这两个地区也被称为“王国”，并与第三个即迄今为止最大的王国“北界”（Arctogaea）形成了鲜明对比。南美洲地区是“新热带界”，澳大利亚则是“南界”（Notogaea）。这种划分表明，动物世界各分区之间确实存在着非常大的差异，不能单单从生态学的角度，即根据大陆的天然性质来解释分析。动物世界的发展与演化是基于大陆在大约 1 亿年前的中生代时期开始分裂和相互分离后的历史。作为一个岛屿大陆，长期对外隔绝导致了澳大利亚以及南美洲的物种非常独立地繁衍发展。这一现象在植物界并不明显，尤其是北美洲的动植物世界与欧亚大陆的动植物世界显示出极大的相似性。由于北部与欧亚大陆相连，非洲与欧亚大陆的共同点也多于与南美洲的共同点，尽管它曾经与南美洲是一个整体。南美洲作为一个大陆甚至可以与非洲西侧无缝衔接。亚马孙河在远古时期曾经发源于非洲并向西流去，在当今厄瓜多尔瓜亚基尔市（Guayaquil）的位置流入太平洋，这便是两块大陆曾为一体的证明。然而与非洲的分离已经是很遥远的事情了。甚至更早的时候，澳大利亚和南极洲也是一起从非洲这块南部大陆兼印度的母体大陆中分裂出来的。因此，澳大利亚的动植物世界甚至比南美洲的动植物世界更加独特。

新热带界哺乳动物丰富的原因在于另一个对南美洲，尤其是对亚马孙地区的生物多样性产生影响的重大事件。就在 250 多万年前，伴随着火山运动和小块大陆碎片（也称作地体）推移，中美洲和南美洲之间形成了一座桥梁。在冰河时期初期，大量美洲的动物经由此处开始迁徙活动。许多物种，特别是哺乳动物，从北美洲迁徙到了南美洲，然而却只有极少数南美洲动物迁徙到北美洲。因此，南美洲的哺乳动物物种变得特别丰富，而北美洲的动物世界几乎没有变化。

这也显示了人类的活跃对澳大利亚已经产生和正在产生的影响。事实证明，从欧亚大陆和非洲迁移而来的动物比澳大利亚本土动物更有竞争力。在新来者的压力下，许多本土物种都灭绝了。本土物种长期处于隔离状态的保护之下，几乎已经丧失了与新物种对抗的能力。

可能有人又会问，这与热带雨林的保护和破坏问题有什么关系呢？答案很简单，但也具有警示性：来自欧洲和印度的牲畜正在吞噬亚马孙和中美洲的热带雨林，而那里没有与这些牲畜在生态上等同的物种，甚至没有大致相似的物种。与此相反，非洲的雨林以及部分东南亚雨林却是大型动物的家园，它们的生活方式非常适合那里的环境。非洲有森林象，印度和东南亚也有森林象，只不过印度象属于另一个属，但是这些不同属的森林象均属于象科。牛类动物同样生活在非洲雨林（非洲野水牛）和东南亚雨林（印度野牛和其他野牛），其中包括牛类的亲缘物种——其他大型反刍动物。然而，南美洲的热带自然环境并不适合这种动物，因此在那里也没有这种动物的身影。但是南美洲的自然环境适合大地懒这种大型食草动物，它们的体重可以达到数吨。它们的小型亲缘物种——树懒则习惯懒洋洋地待在树冠上，像一团被雷雨打湿起卷的毛球，挑剔而又缓慢地进食树叶，既不引人注目，也不会大量消耗植物。

食蚁兽依然保持着原始的生活方式，自冰河时期最后 200 万年以来没有什么新变化。它们完全是为白蚁量身打造的天敌，而白蚁是迄今为止热带森林中最常见的动物。此外，食蚁兽也吃蚂蚁。在非洲和东南亚地区则由土豚和穿山甲扮演这种生态角色。它们展示了不同亲缘物种是如何利用同一特定而丰富的食物来源的。这种现象被称为趋同现象，亲缘关系甚远的生物会由于栖居在同一类型的环境中产生趋同。相应地，在美洲和非洲的热带地区有游蚁和行军蚁。非洲的倭河马则与南美的水豚相对应。水豚不是猪，而是最大的啮齿属动物，但生活方式与非洲倭河马相似。类似的例子还有很多。作为古老鸟类家族的成员，鸽子和鹦鹉在所有的热带雨林中都是常见且种类丰富的鸟类。相反，蜂鸟却只存在于美洲。

在非洲和南亚的热带地区，同样色彩斑斓、光芒闪耀的太阳鸟在寻找花蜜时发挥着蜂鸟的生态作用。然而，太阳鸟是鸣禽，所以相比蜂鸟，它们与麻雀和乌鸦的亲缘关系要更加密切一些，而蜂鸟属于雨燕目。蜂鸟专门吸食花蜜并将其作为能量来源，此外还进食微小昆虫作为蛋白质来源，再加上它的身体微型化，像昆虫一般大小，可以被我们看作适应热带雨林生活的典范。

在昆虫世界中，伪装或警示是随处可见且再重要不过的事了。为躲避捕食者而进行的伪装使得热带雨林中的大部分昆虫不管对于我们人类还是对于寻觅它们的鸟类来说，都是难以看到的，而其他昆虫则以醒目的红黄色或极其显眼的形状来吸引人的眼球，让人一看就明白：它们可能有些不对劲。它们有毒，并通过警示性的颜色和形状来昭告这一点。但并不是所有的警示都是真实的，有不少仿冒者把自己伪装得像它们一样既难以下咽又显得刺眼，并以此来躲避捕食者。

根据上文所述，这意味着热带雨林中“来自天敌的压力”非常大。只有能够完美伪装自己，数量稀少的生物才能躲过捕杀并且存活下来。然而，有毒生物的模仿者不应该太频繁地改变拟态模式，否则它们会被鸟儿那双一直在认真搜寻的眼睛发现，并使得鸟儿学会区分它们和真正的有毒生物。但由于食物稀少且难以找到，鸟类也很稀少，它们可以与大量丰富的物种毗邻或并存，因为它们的繁殖力根本不足以取代与它们生活方式相似的竞争者，即那些占据类似或几乎相同小生境的生物。

这种稀有性的影响通过食物链被放大。美洲豹在亚马孙雨林中极为罕见，非洲和东南亚的花豹以及苏门答腊岛热带雨林中的老虎也是如此。苏门答腊这座大岛屿，在最后一个冰河时期仍与亚洲大陆相连。就像瀑布直泻而下一样，这些动物的常见度直线下降，越来越稀有，直到食物链的顶端不再剩下任何东西。在亚马孙地区，只有在热带稀树草原和山区的边缘区域以及白浊水的沿岸才能看到更为丰富的大型动物的身影。非洲中部和东南亚的雨林中动物倒没有这样稀少，因为在这些雨林中，在更大的区域内产生作用的是另一种生态效应。这在美洲热带地区的哥斯达黎加反映得最为明显，前文已多次提及这一点。在那里，可以感受到比亚马孙地区更为精彩的热带生物多样性，尽管该国面积很小。这种情况产生的原因就在于火山。仔细比较迄今为止全球范围内热带雨林的被利用情况，会发现动物的出现频率在很大程度上取决于森林地表的矿物质丰富程度。

以金刚鹦鹉为首的大型鹦鹉，甚至还有像美洲豹这样的哺乳动物会聚集在某些陡峭的河岸一起啃食泥土，这些地点相当出名。在秘鲁，这些地方被称为“科尔巴”（Colpa），是自然旅游的热门目的地，因为成群结队的鹦鹉会从远处飞来，啃咬着黏土质的陡壁，以至于它们有时看起来像被紧紧地粘在一起。食用土壤是缺乏矿物质最为明显的表现。众所周知，缺乏矿物质的人类幼婴会试图啃咬墙上的灰泥。

在火山活动创造了富含矿物质的土壤、伴随着偶尔的火山爆发还能补充新矿物质的地方，物种的繁殖能力确实更为强大，动物也会出现得越发频繁。专门化程度高，原始动物得以存活，这些均与矿物质有关，这对于热带雨林来说不是什么稀罕事。多样性是生命对恶劣生活条件的回应。在这些限制下，无数的特殊适应性出现了。它们使得雨林中的动植物，特别是植物对人类而言变得非常重要，因为植物提供了关于特殊生存问题的解决方案。

亚马孙植物会产出各种物质成分，既可以驱除毛虫、甲虫和其他昆虫，也可以避免真菌和细菌侵袭。印第安人了解并使用其中一部分植物作为毒药或药物。橡胶是一种天然产品，它最初可不是亚马孙巴西橡胶树为了制造汽车轮胎而产出的。昆虫要是去啃咬橡胶树，橡胶汁液就会将昆虫的口器粘住。同为亚马孙树木的金鸡纳树，其树皮中产出的奎宁能够防治疟疾，因为它的主要功效是抑制及杀灭疟原虫。我们使用可可作为兴奋剂，利用各种热带植物止血、治疗炎症和缓解疼痛。热带雨林是最大的天然药房。然而，这个药房里大部分药剂的功效还未被发掘出来。它们极其复杂的化学成分是热带地区物种极为丰富的基础之一。众多活性物质的存在促使这些植物走向专门化。如果资源足够丰富，就没有这种必要，但是在每一个微小损失都很要紧的地方，保护机制就会启动，其结果就是专门化。

从对原始森林中依赖于树木的生物多样性开展研究以来，人们才开始对热带雨林中这种情况的极端性有所了解。单棵树木上会存在数百个不同的甲虫物种，其中许多甚至还与邻近树木上的物种不同。根据初步预测，物种数量为 2000 万到 5000 万种，高到令人难以置信，其中绝大部分是雨林独有物种。这个数据是 20 世纪 80 年代之前推测的地球总物种数的 10 倍。目前已知的、已命名和进行了科学描述的物种有近 200 万种。然而根据推算，未知物种的数目仍然十分庞大。推测我们头顶上星星的数量比推测我们周围的生命多样性还要来得更准确一些。同时，专家估计，尽管现有的物种明显减少，根据推测它们仍然达到500万种到1000万种，即已知数字的几倍。只要资金到位，在热带国家开展研究得到许可，现代分子遗传检测方法将提供更准确的结果。目前没有得到许可是因为这些国家怀疑生物多样性研究涉及秘密用途，即生物盗版（biopiracy），因为这些“小家伙”并没有显示出它们在医学或农业方面的用途。

热带稀树草原的大型动物不可能被游客带走，它们最多也就是让游客一饱眼福。然而，小型动物和植物身上却蕴藏着从外表无法看出的应用价值。因此，大力强调多样性对医学领域的重要性并不会促进热带研究，反而会导致其受到阻碍。如果发现了新的高效药物，一些欧洲和北美的制药公司将从中获利，而留给热带地区的原产国的将只有很少的东西，甚至什么都没有。因此，这些国家现在特别严格地限制对热带地区的研究，这对雨林保护没有什么好处。短期利益的诱惑，即通过砍伐热带森林和建立种植园赚取快钱的诱惑，在任何情况下都与将热带森林作为长期生产资源利用的目标南辕北辙。这一点无论是在热带雨林还是我们所生存的土地上都是一样的。在欧洲，我们几十年来一直深知，工业化、高度的农业化是不可持续的，它对自然和环境造成了严重的破坏。然而，唯利是图能毫不费力地动摇人类理性，少数人的利益被置于社会绝大多数人的利益之前。因此，我们不应该对巴西或印度尼西亚指指点点。但在讨论雨林被破坏、被破坏的原因及其后果之前，让我们了解一下动物世界的其他特征以及三大热带雨林区之间完全不同的环境条件。

为什么在雨林中生活着巨型生物和微小生物

热带雨林的动物世界总是能对人们产生特殊的吸引力，既吸引居住在森林中的人，也吸引那些认为森林极其危险，却仍旧冒险闯入神秘丛林的研究人员。自古以来就传说丛林里住着拥有超能力的类人生物，但也有矮人，肯定还有（凶恶的）鬼怪。尤其是非洲雨林，一直笼罩在这种传说的迷雾之中，欧洲人直到最近才冒险闯入。2000 多年前，据说有一支腓尼基人探险队划着木桨船环游非洲大陆，给当时自以为文明开化的地中海世界带来了发现庞大生物的报告。这种生物据说半人半猿，力大无穷。在近代早期，当欧洲探险家开始探索未知大陆的时候，人们认为这种生物指的是大猩猩，又或者“只不过是”黑猩猩而已，它们的体形和力量被人为地过分夸大了。不管怎样，事实是，大猩猩是生活在非洲赤道热带森林地区体形最大和最强壮的类人猿。但俾格米人也生活在这一区域，他们是我们的同类，是体形最小的人类。

亚马孙和东南亚是最大的蛇类——蟒蛇和网纹蟒的家园，东南亚和非洲的热带河流是最大和最危险的蜥蜴——咸水鳄和尼罗鳄的栖息地。最大的淡水鱼巨骨舌鱼则生活在亚马孙的支流水系。其他雨林生物如巨蛙、巨型蜈蚣、长戟大兜虫或巨型蜘蛛等仅凭命名就透露出了其庞大的体形。被自然深深吸引的游客在探访热带雨林时，期待着看到成群的梦幻般闪光的巨型蝴蝶和五彩缤纷的鸟类，但他们也不得不做好会与那些非常不想遇到且极其危险、可能引发疾病的微小生物不期而遇的思想准备。那么，热带雨林当中是否存在着极端的特殊情况？还是说动物世界的基本结构已经被我们认识清楚了？

自18世纪开始对动物物种进行现状分析以来，研究人员便开始了对这个问题的研究。尽管已经可以确定在热带雨林地区几乎不会发现更大的动物了，但是这一问题仍未找到准确答案。物种丰富性体现在小型动物身上，尤其是甲虫，但也包括其他种类的昆虫。身长只有几毫米的动物是最不为人所知的，但显然这种动物也是物种最丰富的。未知甲虫的种类数以万计，动物学方面的研究远远落后，甚至连足够用于了解热带物种丰富性的数量规模都还没有达到。专门深入研究动物世界中微小生物界的专家实在是少之又少，沙粒大小的甲虫对昆虫学家来说也不是那么具有吸引力。除此之外，长期以来一直都是由业余爱好者通过他们的搜集来掌握关于昆虫出生、分布和出现频率的基本知识，生物博物馆的绝大多数藏品都来自私人收藏家。在我们这个时代，这类行为受到物种保护法规的极大限制，这是自然保护的发展误区之一，它的出发点本身就是错误的，因此也不会起到任何作用。

我们还是回到对体形问题的讨论上。得益于收藏者，我们知道热带森林中不仅有很多非常小的昆虫，而且还有特别大的昆虫。当然，它们也一直是受人追捧的珍品：像吃饱了的老鼠一样大的甲虫，翅膀像蝙蝠翅膀一样大的蝴蝶以及看起来像能活动的树枝一样的竹节虫。它们与许多小型和微型物种一起构成了典型的昆虫谱系。在热带地区以外的地方，是不是昆虫谱系图正变得越来越单调了呢？既没有特别大型的，也没有特别微型的，只有中等体型的昆虫？当我们观察青蛙、蜥蜴和蛇的情况时，这种研究推测就体现得很明显了。对热带雨林水域鱼类的研究也能体现这一点。在热带雨林，我们发现了数不胜数的小型物种以及令人印

象深刻甚至令人感到恐惧的大型物种，如蟒蛇、巨蜥蜴、可能危及人类安全的蜥蜴以及巨蛙。当然也有微小生物：几乎没指甲盖大的青蛙，在水族箱里游泳时闪闪发光的鱼以及对大苍蝇构不成任何威胁的小壁虎。

然而，大多数物种的体形一般与我们从热带以外地区的动物世界中看到的正常大小相符。由此我们可以得出结论，相比于气候温和与寒冷的地区，热带为生命提供了更多的发展机会。如果说这是对动物世界中体形大小现象的唯一解释，那么正在发生的全球气候变暖应该会对物种多样性产生有利的影响，并且不会构成威胁。这个结论对于许多需要温暖环境的物种来说是非常正确的。但体形大小和多样性不仅仅取决于温度，当然也不仅仅取决于气候条件。当我们将目光聚集到对我们来说习以为常的动物群也就是哺乳动物和鸟类身上，就可以看出这一点。

在地球上面积最大的热带雨林亚马孙雨林中，哺乳动物最多只能算全球哺乳动物中的中等大小，而鸟类甚至还达不到这个水平。这里最大的哺乳动物是南美貘，一种看起来比较原始的动物，属于马的远亲，身形和猪很像。绒毛猴和吼猴作为活动在树梢上的生物，体重显然远低于

10千克，体形也并不会令人感到害怕。在亚马孙的鸟类世界中，大型金刚鹦鹉和一些鸡形目禽鸟已经算是最大的物种了，只有少数掠食鸟类，如力大无穷的大兀鹫才比它们大。

在非洲和东南亚雨林的鸟类世界中也有类似的情况，尽管存在一定差别，倒也不乏启示意义。在新几内亚的森林里，有一种鹤鸵会与一只巨大的鸵鸟生活在一起，与鹤鸵的体形相比，鸵鸟活像一只史前巨鸟。在刚果雨林中，有非洲森林象、非洲野水牛、森林长颈鹿即霍加狓以及大型野猪。东南亚雨林中的野牛是犀牛的一种，它与印度象一样，早期比现在分布更广泛，它们在此处可以对应非洲的大型动物。老虎和花豹属于大型动物世界的成员。花豹也存在于非洲雨林中，在亚马孙地区与其对应的捕猎者是美洲豹。

相比于深入了解热带森林中动物体系的构成规律，这些通过自身观察得来的粗略线索可能会让人毫无头绪。但如果我们把人也纳入观察范围，一些隐藏的细节就会浮出水面。因为在欧洲人闯入热带雨林并从根本上改变雨林内基本关系的殖民时期之前，大型哺乳动物的自然诞生和出现频率，与有着不同的文化背景、用各种形式适应热带雨林的雨林原住民原始生存状态十分相似。

像大象和水牛这样的大型哺乳动物对食物不仅数量上要求很高，对营养质量也有着极高的要求，在这一点上与我们人类很相似。然而热带森林中，在土壤不利于或不适合耕种或发展种植业的地方，即使是大型哺乳动物也找不到足够的或营养质量高的食物。简单来说，凡是自然界中有许多哺乳动物和鸟类聚集的地方，都有利种植，反之亦然。这是因为哺乳动物和鸟类的基础代谢率很高，我们人类作为哺乳动物也是如此，而且即使单位体重的食物需求量会随着体重增加而减少，但仍然远远高于基础代谢率低的动物，如爬行动物、青蛙或昆虫。对于这些生物来说，即便体形日益增大也是为了能够更好地挨过环境恶劣的时期。蟒蛇和大型鳄鱼可以忍饥挨饿很长时间。体重相同的情况下，哺乳动物没有食物用不了多久就会饿死，而这些大型生物却依然可以存活。因此，在热带森林中，体形大是对资源稀缺的一种适应。同理，在资源很少的情况下，体形很小也是如此。

亚马孙地区的土著居民主要靠捕食鱼类和其他水生动物为生，猎捕哺乳动物和鸟类是一种补充。因此，土著居民沿河定居，聚居中心位于从河岸向热带稀树草原过渡的区域。大片的封闭森林地区基本上是人迹罕至的，只有少数像丛林野猪这样的哺乳动物才会涉足此处。哺乳动物主要生活在河流沿岸，体形较小的动物则集中在树冠。南美洲热带低地的犰狳、食蚁兽和树懒这三种动物进化出了更大的体形，它们也只在这个大陆上产生过进化。曾经存在过的巨型树懒，和巨型犰狳的亲缘物种一样，在人类——南美印第安人的祖先迁徙过来之后就灭绝了。这三种极不寻常的哺乳动物的特点是能量的基础代谢率特别低。“树懒”这一名称本身就体现了这个特点，它的身体以与大型爬行动物类似的低能量消耗模式运作。当欧洲人在热带森林气候中感到无精打采、有气无力时，至少他们应该能够体会到这一点，而不是去指责当地居民的懒惰。此外，我们也看到人类适应不同气候条件的能力是多么超乎寻常。没有任何陆地哺乳动物可以像人类一样四处扩张，生活丰富，足迹几乎遍布全球。这一点甚至连老鼠也做不到。

大西洋沿岸森林——巴西沿海雨林

在亚马孙地区的远端有一片雨林区，该雨林区沿着巴西东南沿海山脉延伸了1000多公里。信风为这片被称为“大西洋沿岸森林”的南大西洋热带森林带来了大量的降水。降水以所谓地形雨的方式落下。潮湿的气团一旦冲破了海岸沿线高山的阻挡，就会顺坡下沉并造成升温。在这个过程中，气团仿佛处在一个大功率吹风机中，湿度也会降低。

因此，在由锥形山峰错落组成的山脊后直线距离几公里远的丛林中就会出现缺少降水的情况，巴西人称其为“封闭地”（Campo cerrado），意思是“（与潘帕斯草原相比）难以进入的领域”。它甚至明显比巴西首都巴西利亚所在的塞拉多地区更干燥，该地区位于赤道的东北方向。沿海山脉和亚马孙河南部支流之间的广阔土地几乎呈现出沙漠的特征。该地是巴西的干旱地区——塞尔唐（Sertáo）。塞尔唐地区有一片灌木林，树干上的浅色树皮可以抵御灼热的阳光，印第安人称这片森林为“卡廷加”（白木）。因此，在亚马孙雨林和大西洋沿岸森林之间，有大片区域是雨林动物无法通行的。这也导致了许多物种在巴西沿海山区长久与外界隔绝的雨林中独立生存发展并演化为另一种生物。

金狮面狨（*Leontopithecus rosalia*）是大西洋沿岸森林中最具特色、同时也濒危的动物。因为这片雨林已经在很大程度上被砍伐和破坏了，与200年前相比，现在已经有80%的雨林消失不见了。除了令人着迷的金狮面狨，还有许多物种也濒临灭绝。大西洋沿岸森林也是兰花的家园，这里兰花物种之丰富，我们至今还未研究透彻。开粉红花的蕾丽兰（*Laelia lucasiana*）是此地的典型品种。如图所示，许多兰花生长在裸露的岩石上。在巴西沿海山区，这些岩石是由花岗岩构成的，里约热内卢瓜纳巴拉湾入海口形状独特的“糖面包山”也是由花岗岩构成的。这种花岗岩被风化成圆形，几乎无法为植物提供扎根和生长的机会。因此，随着森林被破坏，岩石上的稀薄土壤开始流失，有植被保护的山坡也很快失去了土壤和肥力。

山谷和沿海地区的平原则从侵蚀和冲刷中受益。因此，巴西的大部分人口都集中在那里，内陆变得人口稀少。巴西大体上来说仍然是一个沿海国家，人们的生活方式也与定居地点有着很大的关系。对他们来说，内陆是宽广辽远的，文化层面也是如此，它被视为尚未被文明征服的“西部世界”，就像美国从前的情况一样。这也促使人对自然的态度发生转变。在人口稠密的沿海地区，对

Laelia lucasiana
Diaethria clymena
Leontopithecus rosalia
AURAUCARIA
ANGUSTIFOLIA

3. 大西洋沿岸森林——巴西沿海雨林

大西洋沿岸森林现存雨林区域的保护比对遥远的亚马孙雨林区的保护要好得多。在巴西南部，人们很清楚沿海山区现存雨林的价值并且非常了解生活在其中的特殊动植物物种。半个多世纪前，已经有一些私人业主在那里采取了保护措施，他们收购了整个山脉并宣布它为保护区。

自然界本身有些潮湿但已经接近热带的气候也有利于保护工作的开展，像金狮面狨，就可以由此摆脱濒临灭绝的境地。在大西洋沿岸森林，仍然存在吼猴和其他猴子物种、大猩猩、食蚁兽，特别是还存在大量的鸟类和蝴蝶。常见的是红涡蛱蝶（*Diaethria clymena*），俗称88蝶，这种灰蝶（*Lycaenidae*）大小的蝴蝶因其后翅翅底的特殊图案而闻名。这种蝴蝶几乎四处可见，只要是有森林、灌木丛和水洼的地方都可以找到它。有时这种蝴蝶会几十只甚至几百只地聚成一团，从潮湿的泥土中吸食矿物质。

蜂鸟也仍然频繁出现在大西洋沿岸森林。然而，寒冷潮湿到甚至让人无法接受的冷空气会在冬季逼近山地雨林，迫使大多数蜂鸟离开此处。山林里的花已然凋落，蜂鸟会飞到不远处的山脚下，因为那里的花园里盛开着更多的鲜花。然而，有些蜂鸟则停留在海拔800米至1000米的山上。在那里，它们似乎在享受“乘坐电梯”的快乐，不停地绕着树干上下飞行。当你在它们的喙尖马上就要接触到树木时仔细观察，很快就会意识到它们为什么这样做。树皮中伸出了一条细细的蜡腺，其顶端不时形成玻璃状的蜡滴。多么香甜的一滴汁液！介壳虫躲在树皮里，被薄薄的树皮覆盖，很难被发现。它们吸食树汁并通过蜡腺排出多余的汁液。

蜂鸟舔食这种汁液。这种行为就像蜜蜂在森林中收集蚜虫的排泄物一样，只不过它们把排泄物变成了具有特殊香味的森林蜂蜜。蜂鸟吸食这些藏身树皮的介壳虫排出的汁液中的糖分，将之转化为飞行的能量并为身体提供热量。它们排泄的是真正意义上多余的水分。蜂鸟和介壳虫是大西洋沿岸森林的众多自然奇观之一。借助山上形成的上升气流，体形庞大、有着深色羽毛的红头美洲鹫（*Cathartesaura*）白天几乎一直在翱翔飞行。大西洋沿岸森林的南部山麓逐渐混杂了一种让人联想到松树的罕见树木，这是巴西的南洋杉——巴西松（*Araucaria brasiliensis*），带刺的鳞片状树叶是这类植物的特点。它们结的球果类似松树的松球，尽管南洋杉和松树之间并不存在亲缘关系。巴西松的木材价值很高，因此其数量正在急剧减少。几百年前，它们还是一整片森林，当时森林覆盖了从热带雨林的边缘地区到非热带森林的区域，并一直延伸到潘帕斯草原。

为什么蜂鸟那么小，极乐鸟如此绝美

它们是如此绝美，美到几乎找不到合适的词来形容这些鸟类世界的珍宝，就像那些奇特的兰花一样。尽管蜂鸟的种类非常多，目前已知约有 350 个不同的种类，但是它们也会变得稀少。极乐鸟只有 40 种，但这仍是多样性的明显体现，因为这一科鸟类只在新几内亚和邻近的一些岛屿上出现。

蜂鸟则生活在西方的两个大洲，即北美洲和南美洲上，从阿拉斯加到火地岛都有分布，但其中绝大部分只出现在中美洲南部到秘鲁和巴西马托格罗索的热带雨林中。热带以外的地区并不是一年四季都有充足的花蜜，但是这对这种微型鸟类来说是必不可少的，没有花蜜它们就无法生存，除非有特殊情况。花朵的含糖花蜜为它们极其复杂的飞行方式——悬停飞行提供了能量支持。通过吸食花蜜，它们可以在空中的任何位置悬停，而且不仅可以向前、向上或向下飞，还可以在不转身的情况下向后飞出一段距离。

这种飞行方式让人联想到一些昆虫。但与这些昆虫不同的是，蜂鸟翅膀扇动的高频率并不是通过身体的弹性振动实现的。蜂鸟的肌肉工作频率非常高。夸张点说，蜂鸟的身体主要是由飞行肌肉组成的，它们对能量的需求很高，非常高。以每克体重或每分钟飞行耗能来看，蜂鸟进行悬停飞行所消耗的能量是“正常”鸟类飞行所需能量的 10 倍左右。这种特殊的飞行方式也相应要消耗大量氧气。此外还需要大量的水来恢复完成极限动作的肌肉。

作为鸟类而言，蜂鸟的体形的确很小，从我们的角度来看，它们小得更像是飞蛾中的天蛾。事实上，天蛾与蜂鸟的飞行方式相似，也同样需要进行很多能量转换，但在能快速飞行的飞蛾中，天蛾是最大的，而在鸟类中，蜂鸟是最小的，其重量几乎还不到 3 克！最大的蜂鸟，即在南美洲安第斯山脉开满鲜花的高原上发现的巨蜂鸟，身长不到 20 厘米，重量约为 20 克，还不到一只麻雀的重量。相应地，雌性蜂鸟在几乎像玩具一样的巢穴中产下并孵化的（最多）两个蛋也极小。随着鸟蛋的孵化，鸟窝里还需要一点能够让幼鸟抬起头，张开嘴的空间，所以鸟窝虽小，但也有雌蜂鸟的一半大。因此，为什么蜂鸟这么小，这是一个引人思考的问题。而雄鸟又是为什么会这般美丽？

我们先不谈为什么这么美的问题，在后文中，这个问题会连同极乐鸟一起讨论。因为，要想特别漂亮，小巧玲珑是没有必要的。可喜的是，这也是蜂鸟相较于其他生物的特别之处。蜂鸟体形娇小，这对其自身来说本身就是一个问题，尤其是羽毛比较普通的雌性蜂鸟，不仅要在体内孕育卵，还要喂养几乎一直处于饥饿状态的幼鸟，直到它们完全长大并具备飞翔能力。因此尽管体形较小，雌蜂鸟也需要具备出色的繁殖能力。蜂鸟与看起来和它相似的天蛾不同，天蛾作为飞蛾，有独立的幼虫时期，以植物为食，不需要母亲的任何照顾，而蜂鸟的幼鸟在破壳而出后仍无法独自存活。养育幼鸟的消耗是巨大的，其艰辛程度是人类难以想象的。

如果我们仔细想想，很快就会明白，蜂鸟这种复杂的生活方式本身也需要消耗大量的能量。只有当它们平时拥有足够的能量并能轻易获得能量时，才能维持生存。蜂鸟的能量来源是花蜜，依靠其中所含的糖为身体的运行提供能量。因此，蜂鸟几乎一直在寻找花蜜。在某些时期和区域，如果一段时间内鲜花稀少，它们就会像保卫罕见的宝藏一样，用尽浑身解数来捍卫鲜花，甚至就算是人类挡在鲜花盛开的地方，也会遭到蜂鸟的攻击。人只能不由自主地后退，并向这些小鸟投出怨恨的目光。被花蜜吸引的体形较大的鸟类和绝大多数昆虫也会被它们赶走。尽管如此，蜂鸟所需能量不足的问题还是会一再发生。首先，蜂鸟必须熬过热带长达 12 小时的夜晚，这相对来说比较漫长；其次，蜂鸟也要适应热带持续不断的雨天，这种天气即使是人类也会感到凉气袭人甚至浑身湿冷。如果遭遇这样的外部环境，蜂鸟的体温会剧烈下降，它们也会因此陷入一种呆滞、迟钝的状态，在这种状态下只能转化很少的能量。这些微小生物因此会进入一种降低体温的蛰伏状态，这可以节省大量的能量。在夜间或寒冷的气候条件下，如果没有花朵盛开，就无法获得这些能量。

虽然观察能量转换可以使我们更容易理解为什么蜂鸟的生活方式如此复杂，但它们为什么就该是这样呢？蜂鸟不停地吸食花蜜是为了能够快速地扇动翅膀，但这并不能解释为什么蜂鸟要这样生活，为什么这样能让蜂鸟在这么多物种中有一席之地。一个简洁明了的发现有助于理解这个问题：花蜜中的糖确实能快速提供能量，就像我们在有迫切需要时会服用葡萄糖一样，但雌性不能用它们孕育卵，这时蛋白质就成了必需品。蜂鸟在悬停飞行时通过捕食小型或微型昆虫来获取蛋白质，这些昆虫常常像浮游生物一样悬浮在空中或者藏匿在树叶背面，难以被发现。这时就体现出了悬停飞行的必要，能保证蜂鸟准确无误地捕食微型昆虫。细而尖的喙不仅有利于吸食花蜜，而且在捕食微型昆虫时也起到了特殊镊子的作用。热带雨林中的这些微型昆虫还有一个特性使其特别具有吸引力，那就是它们通常无毒。非常多稍微大一些的昆虫和大型昆虫都在体内储存了它们在幼虫阶段就从所吃的植物中获取的毒素，有些昆虫甚至能在体内产生毒素，就像某些臭虫。根据自然规则，那些没有毒的动物往往都能尽可能地伪装自己，以抵御来自鸟类世界的捕食者。随着向小型化进化以及进化出悬停飞行方式，蜂鸟通过捕食微型昆虫解决了营养供给问题。花蜜中的糖不仅为其提供了能量，也满足了其较高的水分需求。

蜂鸟身上展现了一个颇具热带雨林特征的基本事实：无毒的食物有机体较为缺乏。这种紧缺只能通过极其特殊的适应方法来克服，比如悬停飞行。这是可能实现的，因为热带地区有充足的阳光，能持续提供较高的能量以产生“燃料”。对此还应该补充一个原则，那就是许多物种间通常只是被小且有限的分布区域分隔的。也正是由于这种情况，亚马孙地区的蜂鸟种类与欧洲的鸟类总数一样多。

新几内亚的极乐鸟将物种多样性体现得更加明显。原因是相似的：不同物种在地理空间上是相邻的，彼此往往只隔着一座山或一个岛屿。但这近 40 种极乐鸟的生活方式与蜂鸟截然不同。它们主要以水果为食，体形基本正常，大多数雄性极乐鸟都有着华丽绝美的羽毛，也正是由于羽毛的鲜明特点使它们在丛林中有着生命危险。雌鸟的羽毛则很普通，不论是羽毛颜色还是行为都能得到很好的伪装。雄鸟太过显眼了。某些种类的雄性极乐鸟会表演求偶舞，甚至存在整个群体的雄性都参与表演的情况。它们像可以移动、与众不同的花朵一样，悬挂在树冠上做着舞蹈动作，同时发出响亮的叫

声。这里要插一句，极乐鸟和乌鸦是近亲。现在让我们回归正题。

雄性极乐鸟的光鲜亮丽、耀眼夺目与俘获雌鸟的芳心有关系。雄鸟不负责在巢穴里孵化和照料幼鸟，这些是由雌鸟单独完成的任务。雄鸟会在表演求偶舞的地点展示光鲜亮丽的羽毛，雌鸟了解这些地点的位置，会在需要受精的时候前往这些地方，并选择最漂亮、最健壮的雄性进行交配。这也是对美的选择。美最后是否会成为雄鸟一种危险的负担？生物学家在这个问题上存在分歧。许多生物学家认为，雌鸟的求偶选择会让雄鸟愈发夸张地展示自己的美。然而，目前没有明确的研究结果能够证明，光鲜亮丽的羽毛会让雄鸟处于劣势。恰恰相反，尽管雄鸟有光鲜亮丽的羽毛，但它们的生存能力更强，因为雌鸟在筑巢、孵化和喂养幼鸟时面临的危险要大得多，而且对体力的要求也高得多。这也是雄鸟的数量超过雌鸟、彼此之间的竞争更加激烈的原因所在。

通过蜂鸟我们可以得到这方面进一步的线索，因为无论是雄鸟还是雌鸟，由于体形小，它们都不用承受什么来自天敌的压力，存在的危险顶多是被大蜘蛛网粘住。但蜂鸟的美是无目的性的，而非主动选择的结果。雄性蜂鸟和雄性极乐鸟类似，羽毛光鲜亮丽，只不过是极乐鸟的迷你版。大多数情况下，雄性蜂鸟的羽毛称得上是无与伦比的美丽。如果我们能冷静客观地看待雄性蜂鸟以及雄性极乐鸟的美，我们就会问，为什么会出现这种现象？然后我们会得到一个浅显易懂的答案：光鲜艳丽的羽毛从成分以及长出羽毛的消耗上来说，对应了雌鸟产卵、孵化和哺育幼鸟所投入的能量。因为羽毛是由蛋白质构成的。雌性用体内的蛋白质形成卵子，而雄性则将同样的蛋白质用于打造光鲜亮丽的羽毛。这种现象是存在的——甚至可以说就是这样的，因为雄鸟和雌鸟在新陈代谢方面没有本质区别。因此这也为雄鸟打造光鲜亮丽的羽毛提供了可能，而雌鸟则通过雄鸟的羽毛情况判定其健康状况。有时雄鸟也将相当于雌鸟哺育幼鸟所消耗的能量投入求偶舞表演以及持续的鸣叫中。只有当雌鸟能够进行孵化时，才有可能进行挑选。在热带环境中，它们不必像非热带地区森林中的鸟类一样遵循严格细致的繁殖时间表。因此，“热带特点”揭示了热带自然环境的普遍状况。在蜂鸟和极乐鸟身上体现了热带自然环境有多脆弱。

极乐鸟的近亲乌鸦，可以说是凭借团队合作能力强化了自身，成功地征服了世界。它们进化的方向并不在两性分工以及强化自身的美丽上，而是以密切且相互支持的成对结合为重点。乌鸦虽羽毛简单朴素，以黑色为主，却是一种十分聪明的动物，遍布各大洲除了南极洲冰雪荒原之外的所有地方，是全球最成功的鸟类。

雨林中的岛山

在与委内瑞拉接壤的巴西北部热带雨林中，有几座山脉高高耸立，高度甚至达到了热带雨林气候的海拔极限以上。它们被称为“平顶山”（Tepuí）。它们在四周如汪洋般环绕的雨林中形成了一个个“岛屿”，在这些“岛屿”上，时间仿佛已经静止。对于那些冒险登上这些云雾笼罩的高山的少数人来说，它们显得如此原始。连生活在这些山脉周围森林中的原住民也很少攀上山峰，因为通常来说异常陡峭的坡道是很危险的，尤其是在暴雨突然降临时，而在一年中这样的情况几乎每个月都会发生，因为东北信风不仅会给这片广阔区域带来干燥的天气，也会形成产生降水的云层。山上少有动物痕迹，甚至可以说是一片荒芜。即使是在亚马孙雨林中，较大的哺乳动物也是罕见的。在这些山上几乎找不到猴子和貘这样的生物。通过数量众多的各种“食肉植物”我们可以看出，生命所必需的氮化合物在那里是多么稀缺。它们的叶子变成了陷阱，捕食被风吹起的昆虫。长期生活在这些“岛屿”上并以动物为食的生物，生活方式都特别简朴。有一些生物，比如蚂蚁，能够自己创造适宜的生活条件。

岛山有很大的研究价值。在岛山顶端生活的植物和动物从来没有受过人类的影响，它们呈现一种史前状态。即使是岛山脚下热带雨林中的动物和植物，也只是受到人类很小的影响，甚至可以说没有受到明显影响。然而，“平顶山”周围不管是过去还是现在都确实生活着印第安人，甚至某些族群还人丁兴旺。最著名的是亚诺玛米人（Yanomami），因为他们的生活方式极具原始特点，以狩猎、采集和种植为生，耕种采用单一种植方式，作物经常更换。他们确实杀了一些哺乳动物和鸟类，但由于他们种植的木薯和棕榈果产量下降，不得不转移到其他地方重新进行小规模种植，森林又恢复了原始状态。一旦停止耕种，这些印第安人开辟的小块空地就会回归森林。他们猎杀鸟类，是为了获得色彩斑斓的羽毛以及食用其胸脯肉，并没有对鸟类的出生和出现频率造成过多影响。对于猴子、小野猪（西猯）和貘来说可能也是这样。但从欧洲人的角度来看，这种生活方式似乎很野蛮，特别是妇女的待遇体现了生活条件是多么匮乏。甚至在第一批传教士和其他欧洲人和北美人的后裔闯入他们与世隔绝的世界之前，这里的生活条件也同样匮乏。

食蚁兽，特别是更显眼的小食蚁兽，以及中小体形的猴子，是这个亚马孙边缘地区典型的非飞行类哺乳动物。然而，蝙蝠在这片森林中更为常见，而且

Karibisches Meer
Atlantik
Guyana
Suriname
Kolumbien
Pico de Neblina
Brasilien
Heliamphora nutans
Sumpfkrug

4. 雨林中的岛山

物种更丰富。在亚马孙河流域中部，拥有飞行能力是动物界最重要的适应行为之一。色彩斑斓的大金刚鹦鹉在远处飞行，它们用响亮且沙哑的叫声证明自己的存在，通常是成对或者三五成群结伴而行。雨燕的飞行速度极快，比鹦鹉飞得更远，从地面上根本看不到它们，因为树叶遮天蔽日。风暴大作时，狂风从树冠上将昆虫吹落下来并席卷着它们飞向空中，因此雨燕在高空捕食昆虫。

白天出没的蝴蝶身上通常带有警示图案，或者善于伪装自身，我们用肉眼几乎看不见它们。相比之下，大多数生物习惯在夜晚的庇护下外出活动，但这就意味着又要面对蝙蝠的追捕。尽管在这些森林中仍然有数目巨大、种类丰富的昆虫尚未被发现，但以昆虫为生的动物仍然很难捕到足量的食物。就数量而言，蚂蚁和白蚁占据着最重要的席位，小食蚁兽以这两种生物为生。箭毒蛙必须适应昆虫猎物稀少的状况。有些种类的蛙不像青蛙一样在小型水域中产卵，而是在凤梨科植物的漏斗形叶丛中产卵。在叶丛里小蝌蚪很安全，不会受到敌人的攻击，但如果不能定期给它们提供未受精的卵，它们就会饿死，所以它们以“自己失去出生机会的兄弟姐妹”为食。还有什么能比这更清楚地体现在这“天堂般的森林”中生存到底有多困难呢？

热带雨林的对比

最大的热带雨林位于亚马孙地区，它最远延伸到中美洲和南美洲西北部的哥伦比亚的太平洋沿岸。第二大的热带雨林位于大洋彼岸的刚果盆地，北至喀麦隆的西非海岸，东至东非高原边缘的维龙加山脉。这两个地区的特点是，雨林地区直到近年都还基本处于封闭状态，一部分地区甚至直到现在都与世隔绝。一只美洲豹可以从尤卡坦半岛的伯利兹迁徙到亚马孙，全程不离开新热带界的雨林。同样，非洲的一只豹子有可能从东部的维龙加森林漫步到西部的喀麦隆山。

相反，苏门答腊岛的老虎数千年以来一直无法进入东南亚其他地区或印度尼西亚的其他邻近岛屿。尽管这些地方对人类来说是难以步行抵达的，但是也有人早已定居于此，有些岛屿上甚至人口非常稠密（爪哇岛及巴厘岛）。刚果地区和亚马孙地区的定居人口密度与这些岛屿毫无可比性。因此，人类对这三个大型雨林区的适应能力肯定存在着相当大的差异。因为平均来说，非洲雨林的定居人口密度无论是过去还是现在都是亚马孙地区的 10 倍以上，东南亚的一些地方甚至是 100 倍以上。

2012 年的数据显示，占地不到 13 万平方公里的爪哇岛上生活着 1.41 亿居民。同一时期，生活在巴西亚马孙州超过 150 万平方公里土地上的仅有 380 万人。如果以定居人口密度表述，爪哇岛上每平方公里有近

1100人，但亚马孙州只有2.5人，大约是前者的五百分之一。非洲位于两者之间，情况更接近亚马孙地区。占地面积34.2万平方公里的刚果共和国，人口为500万，每平方公里约有15人；哥斯达黎加并不是整个地区都被热带雨林覆盖，它的定居人口密度也远远高于亚马孙，每平方公里有大概100人，但爪哇岛仍然是其10倍以上。这种差距太过巨大，不能仅仅将其看作随机事件或者人类迁移活动中的历史动荡而草草了事。

大自然对此给出了回答。印度尼西亚人口密集的地区有火山土壤。从西部的苏门答腊岛到东部的新几内亚岛，印度尼西亚的火山接连不断，近代最强烈的火山爆发就发生在那里。1815年，印度尼西亚松巴哇（Sumbawa）岛上的坦博拉（Tambora）火山爆发并不断向高空喷出大量的火山灰，导致北半球“全年无夏”；1883年，喀拉喀托（Krakatau）火山也发生了一次强烈的爆发，但它们仅仅是印度尼西亚众多火山中最知名的两座而已。每年，还有其他火山会喷出岩浆和火山灰，从而产生肥沃的土壤，让集约型农业千百年来得以稳定发展。加里曼丹岛只有东北部的基纳巴卢（Kinabalu）这一座大山，与爪哇岛、巴厘岛以及苏门答腊岛的大部分地区相比，加里曼丹岛几乎仍是人迹罕至之处。当然，热带的大量降雨也会导致爪哇岛和巴厘岛以及印度尼西亚其他农业耕种地区的矿物质流失，但是由火山物质构成的底层土壤会得到补充，因为火山会不时喷出火山灰，为土壤提供新的矿物质。

在亚马孙地区，火山完全是稀缺之物。南美洲拥有安第斯山脉西侧的火山链，但那里释放出的矿物质没有一丝一毫进入亚马孙。中美地峡的情况则完全不同，在那里，火山坐落在雨林中，仿佛是雨林的脊梁。因此，就农业条件而言，中美洲小国与印度尼西亚的相似程度远远高于亚马孙地区。

在非洲又是另一番风景。维龙加火山坐落在大雨林盆地的东部，位于最西部的喀麦隆山则是一座古老的火山，矗立在雨林中。刚果雨林的大部分地区都像亚马孙地区一样很平坦，刚果河的支流水系在地理和生态上也与亚马孙地区相似。如此说来，东部的雨林应该是肥沃的，刚果河及其主要支流的河岸区应该是相对肥沃的，而大片沼泽林地区应该是贫瘠的。事实上，它的确是这样的，但又不完全是。刚果雨林的确与亚马孙雨林基本上相似，但是刚果雨林离撒哈拉沙漠更近，后者能从空中为遥远的亚马孙热带雨林提供肥料的营养来源。特别是来自撒哈拉和萨赫勒地区、被称为“哈麦丹”（Harmattan）的风能将矿物质输送到刚果雨林的中部和西部。由于赤道风系统的作用，持续上升的气团形成了巨大的低压槽，哈麦丹风偶尔也会吹过东部地区。因此，东非火山也能向其西部的低地雨林输送少量的肥沃火山灰。

从生态学上来看，非洲中部卢旺达和布隆迪两个小国的大山脉之间的区域与印度尼西亚的爪哇岛相对应。这两个小国的面积加起来只有5.42 万平方公里，但是居住人口达到了 2350 万人，约合每平方公里 435 人。这个人口密度相当于爪哇岛的一半，但却是刚果共和国定居人口密度的 30 倍。该地森林的开发程度也相应较高。除了陡坡和山峰上的剩余部分外，森林已经被消耗殆尽，并被耕地所取代。需要指出的是，这里对热带雨林进行开垦耕作是为了维持居民生计，而不是为了生产向世界市场出口的商品，爪哇岛、巴厘岛以及哥斯达黎加的大部分区域也是同样的情况。这也将是本书第二部分重点讨论的内容。

对不同热带雨林区进行研究的结果显示，雨林中的定居人口密度与动物的出生和出现频率成正比。如前文所述，大象、犀牛、大型牛类、水牛以及老虎、豹子和熊古往今来都一直生活在东南亚雨林中。在刚果雨林中可以看到非洲森林象的身影，除此之外还有非洲野水牛、森林长颈鹿和各种羚羊以及大型野猪物种。但总体而言，非洲雨林中大型哺乳动物的平均体形小于东南亚，且出现频率更低。亚马孙雨林则与这两地存在着很大的差异。

三大热带雨林区性质上的根本差异体现在生物界的各个领域。因此，树木种类最丰富的地区是土壤非常贫瘠的亚马孙中部和加里曼丹岛。相反，更肥沃的土地上生长着的却是由较为单一类型的树木组成的树林。在东南亚，通常在树林中占多数的是龙脑香科植物（*Dipterocarpaceae*）。一些树木长得高大挺拔，标志着该地相对来说具备良好的生长条件和能确保生根的深层土壤。东南亚地区有许多藤本植物，但很少有带刺的树木。猴子在藤蔓间、树梢上来回攀爬，构成这些雨林中灵长类动物的风景线。类人猿的子群——长臂猿经过进化，成了东南亚雨林中的秋千高手，看上去几乎能在树梢上飞行。南美洲的同类动物吼猴、蜘蛛猴和卷尾猴相比长臂猿则显得行事慎重仔细，任何情况下都不会急躁和鲁莽，因为它们活动的树枝上有着很多荆棘或刺。它们的特殊能力是“第五只手”：一条卷尾。它们的卷尾可以像手一样抓住物体，当它们尝试用手摘取成熟的果实，或做更重要的事即抓捕发现的昆虫时，就会将卷尾和后腿牢牢地固定在树枝上，以便在紧急情况下瞬间跳开或荡开。大多数南美猴类需要捕食昆虫以满足自身的蛋白质需求。苏门答腊岛和加里曼丹岛的猩猩主要靠进食植物来满足自身需求，因为这对它们来说就已经足够。猩猩的体重为 50 千克至 100 千克，是同样以植物为食的南美吼猴重量的 10 倍。

因此，哺乳动物世界的多样性反映了人们试图在热带雨林中生活所面临的挑战。但挑战除了食物方面，还有疾病方面。在类人哺乳动物以及与人类关系有些遥远的蝙蝠和狐蝠频繁出现的地方，始终存在着病原体由动物传染给人类并导致严重疾病的危险。当今时代艾滋病毒、埃博拉病毒和SARS的传播就是出于这种原因。此外，自人们开始在森林中生活以来，雨林居民还感染了其他疾病，包括蠕虫病、血液寄生虫感染和以皮肤及黏膜真菌病为主的真菌性疾病。只有在动物特别是哺乳动物极其稀少的地方，才无须担心感染这种热带疾病。但是在这种地方，人类只能停留很短的时间，因为能获得的可用于维持生存的资源太少了。雨林疾病问题我们将会在专门的章节中详细论述。

热带雨林是如何再生的，或者根本不会再生

没有哪片森林能“永远”存在，但森林在我们看来是特别稳定的，至少那些自然生长的森林是这样。众所周知，当前的气候变化给森林所有者带来了一项重大任务，即及时改造森林，使其适应更为温暖、干燥、暴风雨更频繁以及更有利于昆虫繁殖的气候。在抵抗力（复原性）和耐久性（稳定性）方面，“原始森林”被视为典范。但事实真的如此吗？人们对冰河时期之后非热带和热带雨林的产生和扩张有着各种各样的阐述，这些阐述都不可避免地引出了这个关键问题。这些森林一般来说并不像我们想象中的那样古老。冰河时期之前就已经存在的雨林目前只存在于热带区域内部的少数地方，而且其中的物种谱系已有所不同。以我们的时间概念来看，它们是古老的。但是它们是最稳定的吗？这一点我们并没有答案，因为它们所在的那些地区经常下雨，使得那些地区即便将森林转换为别的形式也难以给人带来收益，因此也不具有吸引力。也正是出于一些极其类似的原因，北美洲西海岸附近和智利南部深处的一些非热带雨林也一直留存到我们这个时代。

但我们所说的“稳定性”意味着什么，或者说我们对它的期望是什么呢？稳定意味着一个即使有一些几乎察觉不到的变化发生在我们眼前，但整体依旧保持原状的生活空间。尽管我们一下子就能理解这个概念，

但这其中可能存在着一个巨大的谎言。因为“在我们眼前”意味着持久性与我们人类的寿命存在关联。简单起见，我们假定人类的寿命为75年，那么一个人只经历了森林中大多数树木自然寿命的五分之一甚至更少，大约只有橡树寿命的十分之一。相反，要5只以上的狗的寿命叠加在一起才能等于我们的寿命，或是要100代老鼠、各种昆虫以及数不清的开花植物的寿命加在一起才等于人的寿命。

简而言之，我们是按照人类的寿命，而不是按照各种生物的寿命来做判断的。大象的寿命和人类差不多，我们一般会把那些达到人类耄耋之年的老象称为“玛士撒拉”（Mathusalem）。处于这种年龄的森林则还很年轻，或者才刚成材，如中欧低地的云杉林。让我们再举一个极端的例子。欧洲的湖泊还（非常）年轻，它们出现于最后一个冰期的末期，人类也正是在这一时期移居和扩张到曾经以冰洋和冻原为特征的地带。像多瑙河或莱茵河这样的河流反而是古老的，比湖泊要古老几百倍。如前文所述，亚马孙河曾从当今的非洲向西流淌了几百万年，流入太平洋。

因此，我们应该把森林的年龄与构成这些森林的树木的平均自然寿命联系起来，由此得出森林的寿命。欧洲沿河的河漫滩森林在稳定性方面可以与河流低地的热带雨林相对应，因为二者的稳定性都是由河流动态决定的。我们不应该把“原始森林”等同于“古老”。在加里曼丹岛或亚马孙的许多地方发现的树木种类之多，也可以理解为那些地方正处于冰河时期结束后的变化过程中，是尚未结束的状态。此外，也存在着另一种可能性，即它是森林发展的最终状态，被称为演替顶级（Climax）状态。相关事实证明，热带雨林中的生长不受任何季节限制，非热带地区的生长受到冬季的限制，干湿交替的热带和亚热带地区则多多少少受到较长旱季的限制。

因此，要回答稳定性这个问题并不那么容易。大多数雨林树木生长缓慢，会长成坚硬乃至非常坚硬的木材（某些种类的木材在水里甚至不会浮起来，而是会沉底），这一事实至少证明了其“持久性”，证明其至少像自然生长的橡树林一样生命持久。但持久性是“对何而言”的？除了人类之外，森林还会面临什么样的危险？到目前为止，两个最重要的环境因素——降雨和火灾已经得到解决。就这两个自然因素而言，热带雨林实际上是非常稳定的。它们维持着自身的降雨气候，就像前文所说的亚马孙雨林这个例子。通过水分蒸发，雨林形成了自己的循环，这导致其每年的总降水量是来自海洋的降水量的许多倍。不过，雨林地区占地面积要足够大方可形成这种独特的气候。每年数千毫米的巨大降雨量也能防止火灾。正如我们所强调的那样，热带（也包括非热带）雨林能躲过森林火灾的魔掌，而森林火灾本来就是森林生态中影响其生命周期的一部分。在这样的双重意义上，雨林可以被视为（非常）稳定。只有长期的、年复一年或者是持续数十年之久的降雨量波动才会从自然的角度去改变它，正如冰河时期的冷暖期交替所造成的情况一样。就算从人类的角度来看，那也是很长的一段时期。

第二个与稳定性密切相关的问题是复原力，即承受短期和局部变化的能力，包括暴风雨、洪水或人为利用和开采各种规模的土地等。由于根系通常没有深入地底，只停留在表层，因此高大的雨林树木特别容易受到暴风雨的影响，一场普通的雷雨就可以将它们连根拔起，打翻在地。大片雨林中几乎每天都会产生剧烈的暴风雨，树木被连根拔起是雨林中一种常见的现象，也是树林自我更新的常态。除此之外，雨林还要面对河流沿岸持续的洪水。如果水位在主汛期上升 10 米到 20 米，洪水就会淹没河岸上的大片森林。这些树木有时会数周之久都浸泡在水中，被洪水淹没至树冠。树木底部的积水往往过多，而顶部的树叶因暴露在风吹日晒的环境中，炎热的气候令水分反而有些不够充足。当太阳日复一日地持续高照时，光照辐射强度变化很小，这就迫使树叶进化为类似高温干燥地区植物的类型，具有皮革般的厚度，表面有坚实的蜡层保护。树冠和树根间的区域需要面对两种完全不同的环境，这实际上与亚热带半沙漠和两栖生活区的光谱十分匹配。相对而言，德国河流沿岸的窄叶柳树与它们最为相似，尽管抵抗能力差了很多，但它们仍然能承受数周的洪水和夏季长时间的高温。

就这些环境条件而言，热带地区的雨林无疑是复原能力极强的。森林与其非生物因素之间的长期互动产生了这种复原力。就应对由动物或真菌产生的影响方面，森林可以发挥其复原力。真菌、白蚁或甲虫幼虫侵蚀和分解硬木远不如软木那样容易。嫩芽和树皮所含成分丰富，且大多有一定毒性，可以保护我们的森林免受一般昆虫的大规模侵袭，当前中欧许多森林正在遭受的舞毒蛾（gypsy moth）虫灾也体现了这一点。在那些自然条件下绝大多数动物物种都很稀缺的地方，也不会发生大规模繁殖的现象，这是自然界的规则。由此得出的结论是，生物多样性高会促进稳定性，反之生物多样性降低会使森林变得脆弱和不稳定。这一点非常正确，但是并不具有普遍性。就湿润的热带地区而言，相比于投入林业和农业耕种的雨林，作为原始热带雨林替代品的雨林往往更为不稳定。事实证明，它们通常非常容易受到不利天气、昆虫和其他动物繁衍以及病原体侵袭的影响。凭着对于稳定性和复原力的普遍观察，人类现在完全进入利用热带雨林的阶段，并且导致了森林砍伐和农作物入侵原始雨林的后果。这种现象引发了全球的关注。

森林与森林开垦

人们开垦热带森林，是为了发展农业和林业。这不是一个全新的过程，后文将会对此进行阐述。然而，对热带森林的开垦不能简单地与对非热带森林的开垦画等号。为什么会这样说呢？因为不论是将森林用作耕地还是转换为人工林，都可以从其后续利用认识到这一点。因此，为了更好地分类，让我们先看看其他大型林区的情况。

400年前，当欧洲定居者抵达北美东部时，大片的森林区域从大西洋延伸到北美洲中部的大草原，一直到密西西比河等地，几乎覆盖了今天美国一半的领土（不包括阿拉斯加）。目光所及之处皆是森林，森林中生长着各个品种的橡树、栗子、野苹果和许多其他水果树及珍贵的树木。它是迄今为止地球上最大的非热带常绿阔叶林。就面积而言，它相当于俄罗斯以西的整个欧洲。但从1620年到1920年的短短300年间，这片森林的绝大部分都消失了，只有很小一部分留存。剩余部分甚至不到原本的百分之五，而这些之所以能存活下来，是因为它们所处的地理位置不利——不利于投入农业使用。这是人类对森林最大的一次破坏。说得更准确点，是欧洲人必须对此负责，因为北美的这片森林并不是荒无人烟的。现在被称为“第一批子民”（First People）的印第安人过去正是生活在这片森林中以及草原上。他们与森林、与自然的关系和欧洲人截然不同。西雅图酋长1854年在与美国华盛顿领地总督会面时发

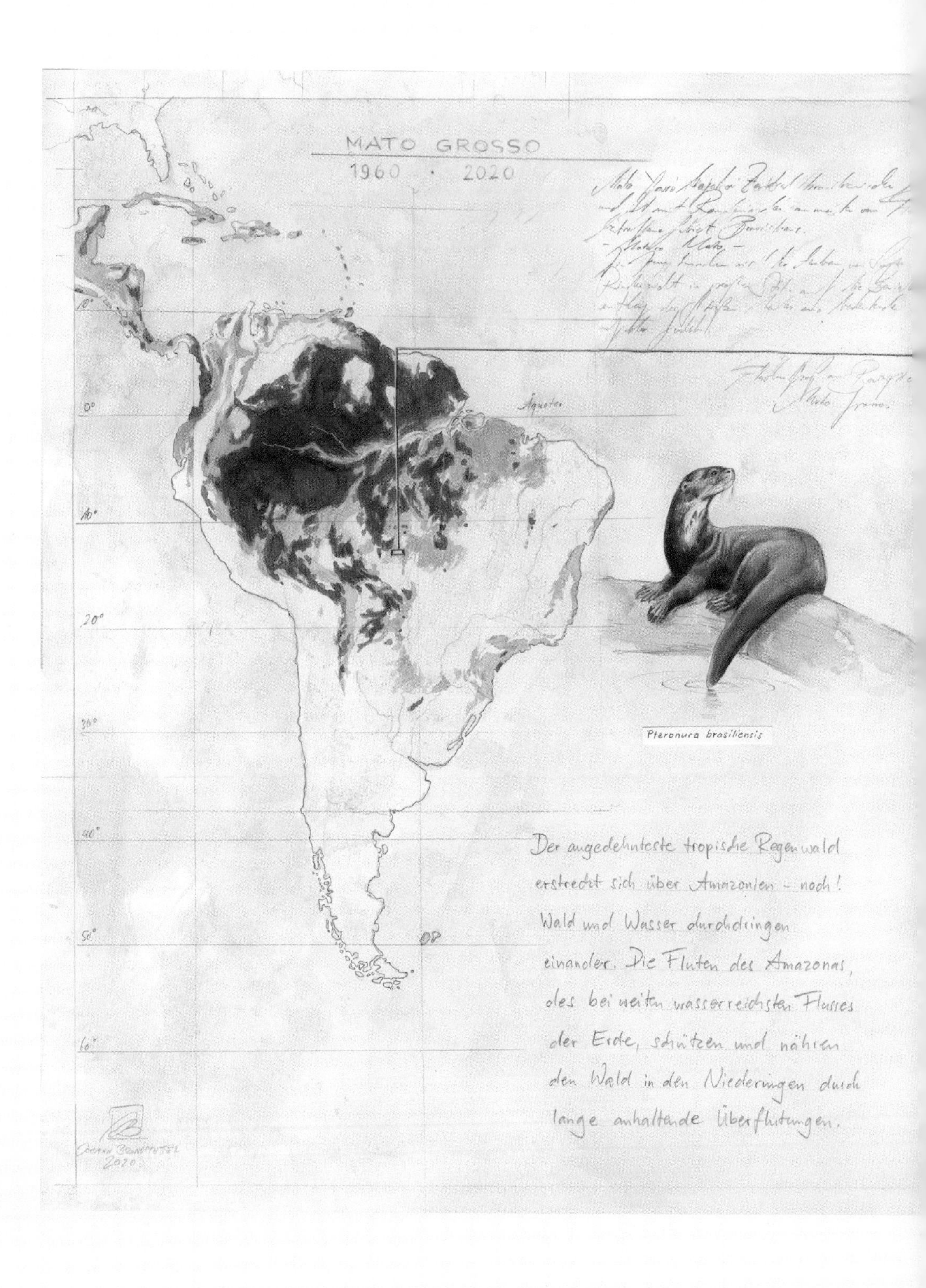
MATO GROSSO
1960 · 2020
10°
0°
Äquator
10°
20°
30°
40°
50°
60°
Pteronura brasiliensis
Der augedehnteste tropische Regenwald
erstreckt sich über Amazonien – noch!
Wald und Wasser durchdringen
einander. Die Fluten des Amazonas,
des bei weitem wasserreichsten Flusses
der Erde, schützen und nähren
den Wald in den Niederungen durch
lange anhaltende Überflutungen.

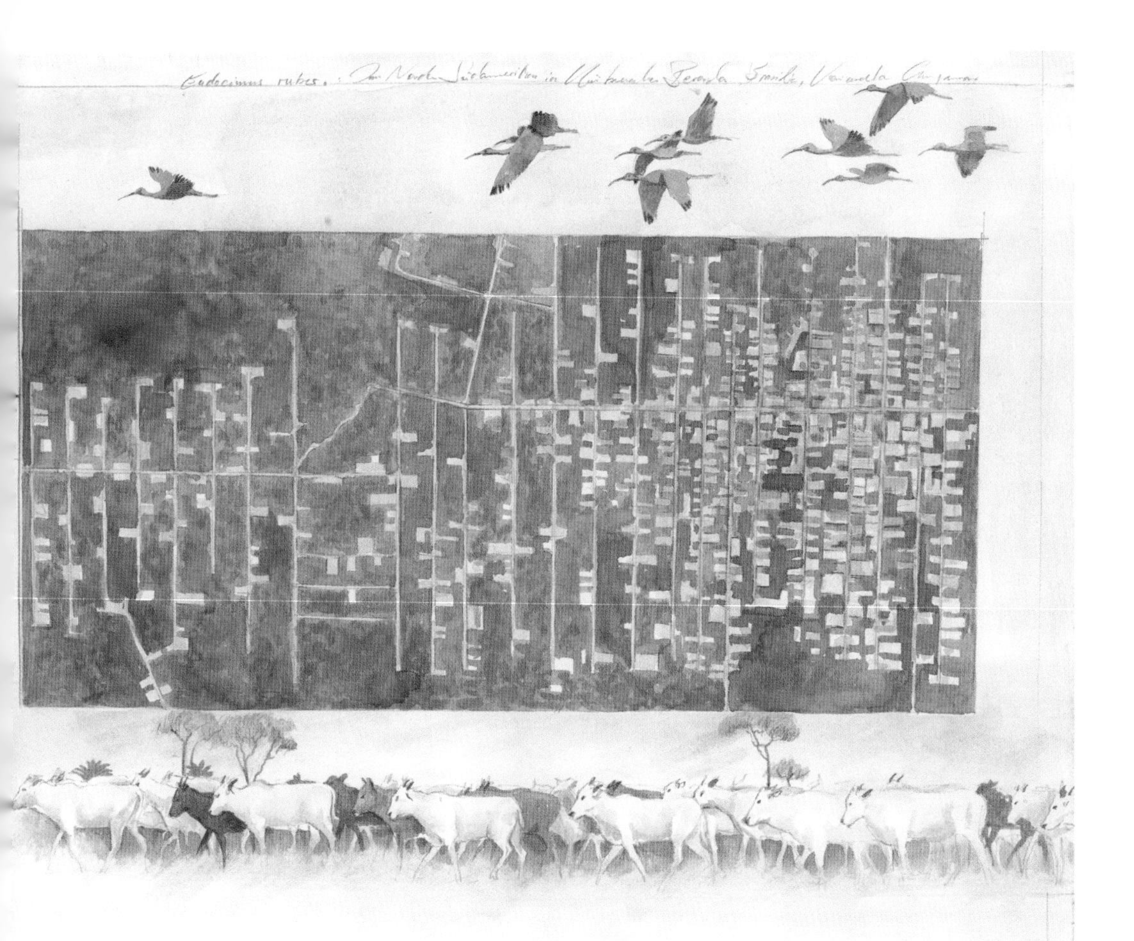

Aber von Südosten und Süden, sowie im Nord- und Südwesten dringen Rodungen in den noch vor einem halben Jahrhundert geschlossenen Regenwald vor. Insbesonders Brasilien schafft damit neue Anbauflächen für Soja zum Export als Futter für Stallvieh nach Europa und weitere, wenig ergiebige Weiden für Rinder. In Brasilien leben gegenwärtig etwa so viele Rinder wie Menschen. Illegale Rodungen von landlosen Kleinbauern eröffnen den Agro-Industrien den Zugriff auf die Regenwälder. Goldsucher vergiften die Flüsse mit Quecksilber und gefährden damit auch den streng geschützten Riesenotter und viele weitere seltene Tiere.

a) 亚马孙地区的森林破坏——马托格罗索州

表的讲话曾多次被引用，或许这段话的出处不是那么有权威性，但是从意义上来说是正确的："我们喜欢森林……我们喜欢森林的方式跟你们不一样……"

但那时，北美的大部分森林已经遭到了砍伐。这条"伐林路线"一直延伸到西部地区，即太平洋沿岸地区。在草原上，水牛几乎全部灭绝。它们的消失让生活在草原上的"第一批子民"断绝了生计。仅仅过了几十年，沙尘暴就在 20 世纪 30 年代席卷了美国的大片地区，并引发了有史以来最大的经济危机，即"大萧条"。曾经的"大平原"变成了被称为"灰碗"（Dust Bowl）的沙尘暴干旱地区。数百万居民家园惨遭摧毁，被迫背井离乡，换来少数人快速获利。美国人的"西进运动"过后，只留下了一片惨遭剥削的、退化的土地，这片土地只能以非常缓慢的速度自我恢复。在当时被赞为充满无限可能的国度——美国，所有的一切都应该是"庞大的"，正因如此，其森林砍伐规模和"灰碗"也的确很"庞大"，甚至是灾难级的庞大。但是这并没有什么特别的，我们早已经历过类似的事情。

大约 1.2 万年前，最后的冰河时期结束，巨大的冰川开始融化。短短几个世纪之后，被数百米冰层覆盖的土地又重新暴露出来。就德国北部而言，这个在大约 1.8 万年前达到顶峰的寒冷时期被称为维斯瓦冰期；在阿尔卑斯山地区又以流入施塔恩贝格湖的小河为名，被称为维尔姆冰期；在北美，它被称为威斯康星冰期。此次冰期是第四纪的更新世内四个大冰期、若干个小冰期和间冰期中（从当前来看的）最后一个冰河时期。

该冰期始于 250 万年前，当时由于火山的作用和小块大陆板块的位移，导致北美洲和南美洲之间的陆桥关闭，从根本上改变了主要热带洋流的流动方向，产生了欧洲的"水暖装置"即墨西哥湾暖流。它之所以能产生，是因为北美洲和南美洲之间的通道，也就是今天的巴拿马地峡关闭，导致大西洋热带地区的表层暖水不再流入太平洋。暖流在墨西哥湾汇集，经佛罗里达州，最终流入北大西洋。之后，由于地球的自转和大陆架的自然延伸，这些暖流的很大一部分沿东北方向流向西欧，经过欧洲大陆最北端的北角，最终流入北冰洋水域。那么，倘若我们将热带雨林的历史纳入考虑范围，会发现这一洋流和在太平洋中跟它对应的洋流之间存在哪些关联呢？这很重要，因为我们只能从地球历史的发展中了解当前的情况及其特殊性。这关乎整个地球，而不仅仅是热带地区。

让我们重新将话题拉回到最后一个冰河时期末期及冰河时期之后，关注一下从中东到撒哈拉和欧洲发生的事情。在进行更仔细的观察之前，让我们先预测一下结果：农业大约在 1 万年前在中东地区得到发展。大约 3500 年前，这种全新的自然利用形式从中东地区向西北方向传播至欧洲。很快，在短短的几个世纪间它就一路传播到西欧，最远到达与欧亚大陆崎岖的西部地区接壤的岛屿。农业耕作向东则传播到了印度河流域和中国，并很快成了那里的主导性生活方式。那些地方之前所采用的狩猎－采集方式向北只在草原上有所保留，向南则只在热带森林中保留，此外在欧洲东北部寒冷的泰加林带即北欧的针叶林中也有保留，因为泰加林带寒冷的气候条件并不适合耕作。

但在最后一个冰期结束后的几千年里，森林再次向外延伸，覆盖了欧洲的大部分地区。这种森林的性质与北美的常绿阔叶林相似，但与北大西洋另一边的森林相比，种类明显更为贫乏。此前冰河时期的突然来临使得欧洲的森林只剩下很小的一片区域处在气候适宜的环境中。最重要的林区位于伊比利亚半岛、地中海中东部的土地和岛屿以及与中东地区接壤的高加索地区。阿尔卑斯山的大部分区域笼罩在冰层下，这使它成了阻挡树木和许多其他植物南移的巨大障碍。这些树木和植物不得不面临气候变化的压力。

北美洲的情况则完全不同。北美洲的主要山脉由北向南延伸，那里没有什么像欧洲的比利牛斯山、阿尔卑斯山以及亚洲东部地区的山脉尤其是最为雄伟高大的青藏高原和喜马拉雅山脉那样横亘其间的巨大障碍，能阻止气候带的移动。冰河时期带来的众多影响之一，是相比有着同样地理优势的北美和东亚，欧洲有更多的植物和动物物种走向了灭绝。当我们观察东南亚的雨林时，这一点将会再次引起我们的关注。

这种情况给欧洲带来的后果是树林的自我恢复只能通过一批批相对较少的主要树木种类依次进行，并且速度很缓慢。从桦树和榛子树丛开始，最后是山毛榉，它是欧洲森林目前的主要树种。至少当前的普遍观点是这样认为的。这种看法基于花粉分析的结果，高度抗腐的植物花粉储存在高沼地的各个土壤层中，根据它们的顺序和数量变化可以追溯树林的自我恢复是如何发生的——以及毁林垦田又是在何时、以怎样的程度开始的。

当前主要的研究结果明确显示：冰河时期结束后，森林的重新扩张并没有完全完成，因为人类毁林垦田行为已经开始造成影响。因此，我们也真的不知道，如果没有农业的挤占，森林会是怎样的一种状况。我们只能通过一些被看作“原始森林遗迹”的地方来对此进行推断。但是，对于那些本应自然存在，却在人类的密集捕猎下数量甚至已经不到最初一半的大型动物而言，森林的重新扩张究竟有着怎样的重要意义，相关科学家们仍然莫衷一是。

几乎是在森林进行自我恢复的同时，被驯养的野生动物如牛、山羊和绵羊在人类的保护下又以畜牧的形式创造着新的环境关系。为了保护家畜，所谓的大型肉食动物，也就是猎人和农民口中的“猛兽”已经基本甚至完全被消灭了。狮子就是典型的例子。正是在这种宏观条件下，农业和畜牧业在欧洲和西南亚才得以顺利发展。森林不得不为此做出牺牲。

在有文字记载的所谓“历史”时期，曾出现过几次大型森林砍伐浪潮。最早出现在丰沃的河流下游，然后沿着河流及其支流组成的河网到达内陆，不过生长在地势险峻、海拔较高且土壤贫瘠之处的森林却几乎完好无损。受气候变化的影响或抑制，农业的扩张仍在继续，并在罗马时代到达第二个高峰。在罗马帝国，农村劳动力存在富余，可以投入生产罗马人所需的奢侈品中。北非是罗马帝国的粮仓。在阿尔卑斯山和多瑙河以北，罗马帝国界墙将文明开化的罗马帝国与蛮族的林区隔绝开来。这片土地在1000年后的中世纪鼎盛时期也变为耕地。

两千年前，大规模的砍伐使得欧洲森林的残余面积比现在还小。在曾经的古典时代以及古典时代之前的古埃及帝国时代，海岸附近的森林已经遭到砍伐，树干被用于造船。在经历了民族大迁徙时期的动荡之后，整个大陆随着贸易的复苏，对造船木材的需求越来越大，欧洲的森林深受其影响。在“地理大发现”的世纪，即从欧洲人的殖民时期开始的几个世纪里，这些森林不断萎缩，甚至在今天也能看到其产生的后果，即西欧的森林被砍伐殆尽。航运越是发达，森林也就越少。尽管木船的时代早已过去，但是在今天的欧洲国家依然可以看到这一趋势。这种利用森林作为船舶木材来源的特殊方式导致地中海周围的山脉出现喀斯特地貌。在中世纪的欧洲，随着荒地的开垦，森林遭到破坏，经常出现干旱年份，人们忍饥挨饿，痛苦不堪。从整体发展来看，南欧、西欧和中欧的森林遭遇了大约持续4000年的破坏，而拥有欧洲血统的北美人只花了十分之一的时间，便完成了类似程度的森林砍伐。

现在让我们再次把话题拉回由欧洲人肇始的破坏热带森林行为。在过去的40年里，即欧洲森林遭遇破坏所经历时间百分之一的时间段里，热带雨林已经减少了一半。尽管亚洲人也有参与，但这主要还是欧洲人实施破坏性经济活动导致的后果，因为这也是全球化经济体系的一部分。

那些来自大规模砍伐雨林国家的代表经常争辩他们所做的事情与欧洲人在几千年前所做的没有什么不同，而且与短短几个世纪内发生在北美洲的事也没什么区别。为什么巴西、刚果或印度尼西亚人就不能拥有同样的权利来支配自己领土上现存的森林，并将其转化为收益颇丰的耕地和牧场呢？在持续了几个世纪之久的殖民主义时代，欧洲人也并不关心被他们所占用、被他们殖民吞并的地区中自然资源的未来。美国人和欧洲人难道不是保护热带植物、动物和微生物固有的遗传多样性的主要受益者吗？这一切显然只是另一种形式更加隐蔽的殖民主义。

致力于保护热带雨林的国际力量当前至少正是面对着这样的反对意见。保护雨林希望渺茫，令人沮丧。只有一个国家实现了 1992 年里约“地球峰会”关于生物多样性保护的要求和目标：哥斯达黎加。这个位于中美洲巴拿马和尼加拉瓜之间的陆桥上的小国只有德国巴伐利亚州的三分之二那么大。除了非常丰富的热带自然环境外，这片土地并未蒙受什么福泽庇佑。但是这个小国对待热带森林保护的态度极为认真，并树立了一个榜样。它之所以能成功，或许是因为它放弃了拥有自己的军队，节省了高昂的支出。正如后文将要阐述的，热带雨林惨遭破坏不仅仅是为了给不断增长的人口提供必要的食物，雨林破坏越严重的国家，反而越不是为了满足粮食需求而砍伐树林。

在本章的最后，让我们概述一下破坏森林的主要目的。对于在欧洲持续了数千年的第一个主要阶段，答案是明确的：开垦森林是为了养活稳步增长的人口，用于第三方和出口的木材只占很小的份额。在美国的毁林行为中，粮食则并不是最重要的原因。这是一种掠夺性的土地侵占，以牺牲印第安居民的利益为代价。印第安人原本以可持续的方式使用这些森林，尽管在使用过程中也有影响和改变它们，但没有破坏它们。目前对热带森林的破坏只能在非常有限的程度上为贫困、饥饿的农村人口提供生存机会，使用和生产的绝大部分东西都被用于出口了。热带木材、棕榈油和大豆的受益者是我们这些欧洲人、北美人以及按照欧洲人的方式生活、越来越富裕的东亚人。因此，热带森林被破坏与我们密切相关。我们是肇事者之一，甚至是主犯之一，因为我们的牲畜吞噬了热带森林，我们还将棕榈油看作一种可持续的资源。

森林自然的基本特征

对于森林如何转化为耕地和牧场的简要阐述会给人留下这样的印象：不断增加的人口增大了对粮食的需求量，因此热带雨林作为最后一片大型森林也终究会沦陷。就算木材是重要的燃烧和建筑材料，人类也并不是直接以森林为生的。树木的叶子是不能食用的。人们以耕地和牧场生产的农业产品为食。只有少数族群还以狩猎－采集的石器时代生活方式生活在热带雨林中，在他们那里依然留存着土著文明。但作为“森林人”，他们长期以来却对附近的农民或牧民多少存在着较强的依赖性。正如为野生动物设立保护区一样，为了确保这些“森林人”的传统生活方式不受干扰，也为他们设立了保护区。至少在一段时间内，情况就是这样。

在欧洲浪漫主义思潮中有人认为这些“高贵的野蛮人”能实现与自然的和谐相处。他们可以（也应该）树立一个榜样，为我们提供与自然相处的范本。但这种理想与现实相差甚远。他们所代表的人种在原始丛林中甚至无法独自生存上一个星期，即便是在生存条件更为有利的非热带地区原始森林中也是如此。人猿泰山这种幻想只适合用来娱乐，现实生活中并不存在。理由是很清晰的，我们先从总体上看一看森林里的生活条件，然后对热带雨林进行具体研究就会找到答案。

为此，让我们试着不考虑人的特殊需要，重新看待森林。这并不容易，甚至对科学家来说也是如此，因为我们不可避免地会被自身的人类视角所引导。然而，出于各种原因，我们应该尽量避免这种情况。森林存在的时间比人类长得多。森林不是“为我们而生”。森林中天然存在的人类食物比大草原和水中要少得多。作为双足动物的人类是步行者和跑步者，而不是攀爬者。森林中大部分的生命活动都发生在树冠上，那里往往结满硕果，类似猴子这样的哺乳动物在树冠上嬉戏。相比危机四伏的地面，在树冠上度过夜晚要更为安全。为了在森林中存活，人类需要吹箭筒和毒箭这样的特殊工具，以便在远距离杀死动物。在狩猎活动中，森林里往往缺少像开阔地形上一样的视野，因此难以发挥人类直立步行和双足奔跑的优势。因此，在进入热带雨林之前，人类甚至早就已经定居在严寒刺骨的冰河地貌之中了，而在热带雨林中，没有哪个定居点能达到人口稠密的地步。显然，在不会受冻也不需要烤火、常年湿热的热带地区的生活不会是特别的好。

森林的自然属性能解释这一切。基本情况我们也早已熟悉：森林是由众多树木组成的。简单来说，树根和带有树叶或针叶的树冠构成树木。中间的树干向上托起枝叶，树根则有力地深深扎入土地。树根可以吸收水和矿物质，枝叶以光为能量来源来吸收养料，树干则是让树叶能够接触阳光的支撑物。光合作用是植物生长所必需的基本过程。

光合作用将水、二氧化碳和矿物质转化为糖和纤维素，同时释放出氧气。

我们将植物通过光合作用产生的物质称为生物量，因为这些物质是通过生物途径形成的。但是，除了植物产生的生物量外，还存在着动物生物量，即动物体的干重和人体的干重。我们应该将生物量细分为植物的生物量，即植物量，和动物的生物量，即动物量。这对了解森林以及我们人类自己的自然属性至关重要，因为植物生物量是通过利用非生命物质、水、二氧化碳和矿物质创造有机物质得来的，但动物和人类的生物量是通过转换已有的、被合理地分为植物和动物养分的生物量而产生的。最后，还有涉及有机物分解的第三个部分。这种分解主要发生在土壤中。

森林中存在一些有趣又罕见的现象。树木利用（回收）土壤中的有机物质，在树冠区通过树叶或针叶进行光合作用，合成新的有机物质。这些物质会老化和脱落，就像树木本身最终也会老化和倒塌一样。土壤中的真菌、细菌以及其他小型和微型生物体会再将产生的物质分解掉。这会构成一个无休止的循环，利用特殊的放射性物质可以更真切地认识到这个循环过程。生长和凋零是相继相随的，这是完美的轮回。随着树干的形成，树木不仅保证了树冠得到光照，也延长了自身的寿命。正如我们所知，树木可以有长达几百年的寿命，在条件适宜的情况下甚至可以达到几千年。因此，它们在时间的长河中持续地进行着物质循环，这样便实现了持久性。“我希望可以像树一样慢慢老去”，这可能是大多数人的生活目标。

然而，将时间延伸到生命的周期来看，这意味着树木和森林可以实现自给自足。只要它们能不时地结出果实，长出种子，就可以不断地长出一批批新的树木。然后，新的树木就会取代老的、被暴风雨连根拔起或被真菌分解的树木，循环往复。事实上，森林完全可以在没有人类干预的情况下发展和维系自身的生存。森林不依赖于人，也不需要动物，除了那些传播种子或为树木的花朵授粉的动物。这对许多树木来说很重要，因为在封闭的森林中往往没有足够的风来帮助花粉和种子完成传播。此外，由于幼苗需要有良好的营养储备才能长得够高够壮，因此种子必须尽可能的体积大、分量足。森林是难以为其提供适合的胚芽着床条件的。有关动物的影响必须分别讨论，因为这样才能得出结论，为什么恰恰是热带雨林能拥有如此多不同种类的树木，明明这里的温度、光照、水分等生活条件应该是极为舒适的，最优势的物种以及作为授粉者和种子传播者的相关动物应该很快占据主导地位才对。

让我们还是先聚焦适用所有森林的基本事实。动物只是其中的“附属品”，它们的行为往往给人一种印象，那就是它们只会搞破坏。从林业的角度看，人们也经常持同样的态度。和在农业中一样，对林地所有者来说，理想的森林状态是树木的生长完全不受昆虫和其他动物的干扰（并且能够产出木材）。现在我们回过头去看生物量这个词，就会明白为什么林业人员实际上是这样认为的，或者希望从这样的角度去看这个问题。自然森林中的动物量与植物量相比很低，甚至是微不足道的。倘若每公顷树木的植物量超过1000吨，那么同等条件下地表动物的生物量加起来只有几百千克，只占其中的千分之一。这里所指的不仅仅是野猪、鹿或狐狸，而是包括所有毛虫、甲虫、蜘蛛和其他生活在树上或像蚂蚁一样生活在地表或地下的动物。只有在有机物质能被分解成腐殖质的地方，动物生物量的比例才会更高。我们往往会有这种印象：在乔木林中看到的动物比在城市公园或水域附近看到的动物要少得多，事实上也的确如此。森林中天然缺少动物，特别是中型和大型动物。中型和大型动物往往定居在宽广开阔的地域如热带稀树草原、大草原以及河岸低洼地等地。森林对野生动物来说主要是作为避难所，它们在那里度过白天的时间。到了夜间，它们就漫步到林间空地和草地上寻觅食物。

为什么会有这样的行为，其实一目了然。在森林里，新鲜的绿叶大多生长在远离地面或至少有一定高度的地方，只有那些拥有飞行或攀爬能力的动物，才能轻而易举地移动到高处。尤其是昆虫，在成虫期会具备飞行能力。它们在高处产卵，使毛虫或幼虫不费吹灰之力就能够吃到新鲜绿叶。鸟类和体重较轻、可以攀爬的哺乳动物以果实为食。对于大型哺乳动物来说，更多需要从地面觅食。它们会像野猪一样翻拱地面。

这个简单的区分表明，相比于大多数动物物种，人类难以从森林中直接获得什么物产用于生活。居住在广阔森林地区的人们需要狩猎动物和捕食鱼类作为食物。可食用的植物很少，而且往往只在一年中浆果、水果或坚果成熟的特定时期才会出现。采取这样的生活方式意味着人类不得不作为狩猎者和采集者四处游荡。这样的生活方式也使得定居人口密度非常低。事实上，热带森林中狩猎－采集者的定居人口密度比沙漠地区的更低，通常每平方公里不超过一个人。这种较低的人口定居密度也意味着游牧式的四处游荡，因为如果一小群人在一个森林区域停留的时间过长，森林区域内越来越少的野生资源就很快会被过度开发，常常使得树上几个月都没有水果和种子可以采集。

正如其所显现的那样，这些自然条件对于评估热带雨林的可持续利用非常重要，这里的可持续利用通常被认为是替代砍伐热带雨林以及将其转化为耕地或牧场的方案。同时，土壤的肥力被证明是至关重要的。现在让我们从另一个视角重新讨论一下树木的问题。几头牛可以在一公顷的草地上长期生活，但同样面积的森林甚至不能长期养活一头鹿，这显得有一些奇怪。这是因为青草和草本植物适合用来放牧，甚至在不停被啃噬的情况下反而会生长得更好。相反，树木则不适合用来放牧，特别是一些长着嫩叶的树木，如果它们的叶子被毛虫或甲虫幼虫吃得太多，它们就会死亡。很少有树木能应对失去全部叶子的情况，除非它们有足够的营养储备来长出下一代的叶子，并且能保护新长出的叶子不会立即被再次吃掉。草原则不然，甚至连蝗虫成灾也不会对草原造成持续性的伤害。

我们可以将情况总结如下：草原适应被高强度利用，而森林则相反，只能接受动物的低频利用。根据生态学的用语习惯，我们在这里用消费者这个词来概括所有直接或间接以植物为食的生物。毛虫和牛是消费者，但狐狸、狼和人类也是消费者。作为消费者，大体可以通过有几个进食阶段将它们区分开来。第一步是由食草动物即初级消费者开启的，而将此过程进行到最后一个阶段的是最终消费者，我们人类就是这样的最终消费者。从本质上讲，不论是过去还是现在，最终消费者都是大型食肉动物。这一点很重要，因为每往前进行一步就要损耗大量的能量。一个大致的规则是，被摄取的食物营养只有十分之一或更少转化为人体自身的生物量或用于繁衍后代。因此，已经历了三个消费步骤的最终消费者只获得了初级消费者，即食草动物所吸收的营养的千分之一。因此，最终消费者在现在和将来都很罕见。

反之，作为初级消费者的物种却很常见。当它们啃食农作物或森林时，我们称它们为“害虫”。自然界有一条规则：食物链越短，物种就越常见。随着农业的诞生，我们人类发生了根本性的变化。在这一点上，我们成了初级消费者。这也导致了人口数量的爆炸式激增。事实上，农业在诞生数千年后，才在全球范围内完全发挥其影响，这主要是因为疾病的存在。随着定居人口密度的增加，生物患上疾病的概率也急剧增加。这绝不仅仅是对人类而言，对我们的农场动物和农作物更是如此。

这些基本的联系导致我们熟悉的生活条件与热带雨林中的生活条件之间存在特别大的差异。尽管热带雨林全年都有着十分巨大和稳定的植物量，但在热带雨林中，绝大多数的物种都是罕见甚至极为罕见的。在如此繁茂的热带雨林中，动物的种类极其丰富，但数量异常稀少，为什么会出现这样的现象？这个问题的答案将使我们更加深入地了解这些森林的性质，理解为什么这些森林的大部分地区一直到20世纪中期都保存得很好。

刚果雨林

亚马孙雨林和刚果雨林隔着大洋遥遥相望，它们甚至曾经是一体的。当时，亚马孙河从非洲向西流去，南美洲还不是南美洲，而是冈瓦纳古大陆南部的一部分。但这已经是很久以前的事了。从那时起，在超过1亿年的大陆分离过程中，沧海桑田，变化无数。南美洲与其他大陆毫无交集、向西漂移，非洲则出现了种类完全不同的大型动物，如大象、长颈鹿及大型灵长目动物，我们人类正是诞生自大型灵长目的分支。

为什么说非洲是我们最初的家园，这通过刚果雨林的景色就能体现出来。它的自然条件允许大型动物出现，尤其是那些新陈代谢功能强的动物，如大象。大象是哺乳动物，它的头很大，甚至是所有生物体中最大的。大脑所需要的能量之大，甚至远远超过其自身大小在身体中所占的比例。因此，必须相应地有充足的营养才行，这片土地富含大脑所需的物质，而这些物质在植物中含量极少。大象能够在刚果雨林中生活这一事实表明，刚果雨林比亚马孙雨林更加富饶多产。这里的土壤富含基础物质，尤其是高能量的磷化合物和氮化合物，甚至还含有足够多的钙，以保证象牙的形成。一直以来，非洲草原象都是现存最大的陆地动物。它们的身材也与南亚象和东南亚象相当接近，只不过各自分属不同的属。尽管外形与非洲象更加相似，但南亚象和东南亚象在血缘关系上其实与冰河时期的大象，即猛犸象，更为接近。

地球的历史奔流不息，在岁月的长河中留下痕迹。这一点在哺乳动物，尤其是重要的哺乳动物身上，体现得尤为明显。因为对我们来说，比森林大象更为重要的是下图中正看着我们的两只黑猩猩：热带稀树大草原黑猩猩（*Pan troglodytes*）和倭黑猩猩（*Pan paniscus*）。它们是与我们关系最为密切的动物亲属。它们与我们的遗传物质，即基因组的差异仅略大于1%。也就是说，它们几乎和人类一样，而不“仅仅是猴子而已”。除此之外，它们还有一个特殊之处。虽然彼此间外表酷似，基因上也更接近，但二者的生活方式完全不同。我们通过观察它们的自然行为所了解到的知识，早已被写入许多书籍中。最大的差异在于社会行为。（热带稀树大草原）黑猩猩过着群居生活，（强壮的）雄性黑猩猩明显占据统治地位。它们有时对其他黑猩猩极具攻击性，甚至会相互发动战争，这甚至会造成敌对种群的灭绝。相比之下，倭黑猩猩的生活要平和得多。雄性和雌性之间没有明显的等级差异。通过交配行为，它们之间能减少甚至完

Waldelefant - Loxodonta cyclotis
Okapi · Okapia johstoni
KONGO
Kinshasa
KASAI

Albert See
Ruwenzori
Victoria-See
Papilio antimachus
Bonobo - Pan paniscus
Schimpanse - Pan troglodytes

5. 刚果雨林

全消除矛盾。比起看起来更野蛮的姊妹物种黑猩猩，倭黑猩猩更频繁地使用双腿直立行走。事实上，它们之间只隔着一条刚果河。倭黑猩猩生活在河南侧的热带森林中，黑猩猩则生活在刚果河的北侧，且分布更为广泛，分布范围大体从西部靠近大西洋的区域一直延伸到东部的中非湖区。它们主要生活在热带稀树大草原上，较少以茂密的雨林作为栖息地。这两种动物的外表很相似，但在行为和生活方式上存在很大差异。

通过对这两种类人猿进行更深入的观察，我们了解到，我们的祖先只需要完成相对较小的变化就走上了成为人类的道路。大约500万年前，我们与这两种黑猩猩的祖先一同完成了一个新物种的进化。这就是极富神秘色彩的非洲。作家约瑟夫·康拉德（Joseph Conrad）曾将刚果雨林称为“黑暗的心”，但它却是孕育了各种生命的伟大“心脏”之一，从我们的角度来看，这才是最重要的。在对刚果雨林进行深入观察的过程中，我们发现了另一件重要的事，那就是山脉这种我们在德国只能远观的事物在刚果雨林却处于中心位置。

但就这幅画而言，还有一些需要强调的地方。在森林中像犀鸟一样飞向高大树木的“大蝙蝠”，从生物学上讲也属于我们的亲戚，只不过相比两种黑猩猩，亲缘关系要远得多。尽管如此，我们也不该忽略它们。以蝙蝠的一种——狐蝠为例，狐蝠及其同类群体即狭义上的蝙蝠，身上都携带着古老的病毒，这种病毒可以转移到人类身上。近来，埃博拉病毒无情肆虐，以其高致死率广为人知。这种情况并非特例。只要村庄附近或者村庄里种植了果树，狐蝠就会扎堆生活在人类附近，因为它们以成熟的果实为食。以昆虫为生的蝙蝠则往往是所有动物中携带病毒最多的生物，其携带的病毒对人甚至存在致命的危险。即使蝙蝠与人类之间的关联已经需要追溯至数百万年前，这也足以实现病毒的“跨越”。“黑暗的心”确实存在真正黑暗的一面。为了给欧洲带去热带木材或者种植油棕树，不断地深入广阔的刚果热带雨林，这种做法是非常危险的。

树木的性质

我们能快速分辨什么是树木。它们代表了植物生长的一种形式，其主要特征是稳固的树干，由树干大体上将根部和树冠分开。或许我们不应该再为其找一个更详细的概念定义，因为在这样的定义上必然要附加许多例外和补充。自然界中总是存在着过渡，界限并不鲜明。尽管羊会将石楠花当作牧草啃咬，但这样的植物实际上是一种以树木形式生长的矮小灌木，而不是草本植物。这对于我们的观察研究来说也称不上多特别。对我们的观察研究来说重要的是，树木作为一种生命形式形成了森林，并在森林中创造了从根本上将森林与草原和石楠灌木丛区分开来的条件。树木的性质有两个方面值得强调。树木将每年产生的大部分二氧化碳贮藏在体内，散发的水分远远超过其自身的生物量所需。树木的蒸腾作用，加上树木对地面的遮蔽，形成了一种特殊的森林气候。简而言之，树木将大量的水分从土壤和地下输送到大气中。

让我们先关注一下树干的储藏容量。想要知道它到底有多大，只有单独称量叶子的重量，才能得到答案。事实上，叶子只占树木总质量的百分之几，具体是多少取决于树木的种类。作为木本植物，藤本植物的茎干与橡树或棕榈树的树干相比相对较小，但这不是关键问题。关键的是，我们能够确定树干大部分都是非生命物质，只有外部区域属于生命物质。严格地说，是只有树干内部和外部“树皮”之间的少数细胞薄层属于生命物质。这里说的树皮通常指的是不再具有生命力的树皮。因此，形象地说，树木由一层薄薄的活性外皮构成，这层活皮被厚度不一的保护层覆盖，同时也包裹着没有生命的木头。这层活皮的顶部冒出叶子和针叶，底部则有细根扎入土壤。根和叶这两种结构都属于树的生命组成部分，树木身上高达90%以上的其他物质则是由木头构成。

树木在自己的残留物基础上向上生长。这样的情况在自然中非常少见，以至于人不愿意将自己与树木进行比较。因为如果非要进行这样的比较，那人可就是得靠着吸收自己的排泄物来成长了。只有人所排出的气体能与树木释放的气体相对应，植物在白天释放氧气，主要在夜晚的黑暗条件下释放二氧化碳，进行呼吸作用。对我们人类来说，这个过程太难以理解，以致很难将人与树木进行这样（完全合理的）比较。

如果我们将我们的占有物纳入考虑，也许会更好理解一些。我们已经积累，而且可以说是垄断了属于我们的东西。树木则垄断了空间、生长空间、储存的营养物质，以及它们自己的产品。这使得树木能够长寿，深深扎根在自己的土地上。只有达到一定年龄它们才开始进行繁殖，形成果实和种子，并且只发生在特定的时期。在这一点上，它们与草类和草本植物非常不同，后者往往快速生长、开花和结果。这些植物中有许多是“一年生”的，这种特征意味着它们会在结果后死亡，第二年又从种子中产生新的一代。因此，它们是快速繁殖的，而树木则是持久的。

这反过来又有非常重要的结果，特别是就可用性而言。迅速生长的植物很少或根本没有形成应对被吞食的防御物质，反之亦然。绝大多数草和许多草本植物都可以被动物利用，而且不需要特殊的专业技术，因

为它们不含任何毒素。我们不以草类为食只是因为它所含的我们无法消化的纤维素太多，而有营养的物质太少，并不是因为草有毒。

树上的叶子就不一样了。它们通常含有不适合动物食用或者能产生毒素的特殊物质，如橡树中的单宁酸，其特征是能极大程度地改变动物皮肤中的蛋白质，导致蛋白质变性成为皮革，不再能被微生物分解或只能在特殊条件下被分解。草本植物却可以泡茶饮用。但是，为什么树木会分泌这种或其他多种难吃或有毒的保护性物质，而其他植物像草和别的许多草本植物就很少甚至完全不分泌这些物质呢？

这个问题又将我们带回水分散发也就是蒸腾作用这一现象。当树木连成一片生长，形成更大的森林时，会创造出自己独有的气候，这是水分大量蒸发的结果。然而，这种蒸腾作用不是为了创造某种森林气候存在的，而是因为它们的叶子暴露在光线下。德国的森林在夏季、热带地区的树木在全年都要受到阳光的强烈照射，但是叶子不能因为已经完成了当天所需的光合作用，就随意停止这一活动。光合作用必须持续进行，或者顶多是减少强度，否则强光照射会破坏树木敏感的化学系统。水分蒸发实现了冷却，就像在炎热的夏天运行的发动机需要冷却一样。因此，蒸腾作用会随着太阳辐射强度的加大而大幅增加。

但仅有冷却还是不够的。这不仅涉及防止过热，也直接涉及叶片内部的化学反应。由于有十分充足的光照进行光合作用，叶子会持续生产糖类，但这种不间断的生产也会导致细胞中充斥着糖分，使叶片丧失功能。多余的能量要通过复杂的化学反应变得无害，而这种化学反应需要消耗较高的能量。复杂的化学物质就是这样的“耗能者”。倘若要将其再次分解且作为食物食用，就需要在消化过程中消耗大量的能量或者用特殊的酶来解毒，在一些情况下，这两种手段甚至要同时进行。因此，只有一些特殊的动物才会食用这种满是复杂化学成分的食物。消化越困难，吸收就越慢，因此物种繁殖也就越慢，如昆虫或某些以这类树叶为食的哺乳动物。正如我们将要了解的，树叶成分的复杂对热带雨林中动物世界的丰富多样有很大贡献。对于人类来说，想要利用这些物质既存在限制又存在机会，限制是因为我们几乎不能直接食用雨林中的任何树叶，只能食用一些不含此类物质的水果，而机会则是因为这些成分的多样性使其具有丰富的药用价值。

总之，在热带地区，树木的叶子往往更具毒性，木材更硬。因为与非热带地区相比，热带森林的生长速度更慢，而且森林在活体部分储存的物质更多。

维龙加雨林

有山脉和湖泊，风景优美，也有着丰富的植物和动物物种，却没有刚果雨林那样让人窒息的高温，这就是地球上第二大雨林的特点。这是对非洲雨林东部高原边缘地区的简单描述。除此之外，还有两种夜蛾科蝴蝶 *Mazuca amoena* 和 *Mazuca strigicincta* 也是该地区的象征，它们的翅膀图案仿佛是出自现代抽象派艺术家的设计。此外，还有一些外形奇特的蜡烛状植物向天空伸出枝叶，显得与热带雨林格格不入。这样的雨林更符合人们的幻想——强壮的山地大猩猩成群结队，最大的类人猿出没其中，最适合讲述冒险故事，也最适合拍摄动物恐怖电影。然而，这些想法可谓大错特错。大猩猩其实是温和的巨人，只有遭到严重威胁时才会奋起保护自己和家人。当狩猎大型猎物的猎人在安全距离以外用大口径步枪向它们射击时，它们的力量实际上毫无用武之地。人类这样做既没有任何合理的理由，也没有任何必要。

不过，这些情况并不是我们构建维龙加雨林场景的时候要考虑的因素，我们需要考虑的是字面意义上的“基本原因”，即赤道上这一大片土地的地质特征。通过山体的圆锥形状，我们可以得知这里的山是火山，它们连成一条火山链。位于火山链前面的湖泊是众多规模庞大的湖泊中的一个，其壮观程度难以言喻。这里有一条裂缝穿过地壳。有一些湖泊，尤其是那些在火山链边与火山链之间的湖泊都非常深，非常古老，年龄超过数百万年。只有西伯利亚的贝加尔湖在年龄上超过它们，贝加尔湖也位于地壳出现裂缝的区域。然而，非洲的裂缝相比之下大得无可比拟，它从亚洲大陆与非洲接壤的阿拉伯半岛开始，从被分割成块状的埃塞俄比亚高原旁经过，向南穿过肯尼亚和广阔的东非高原，然后向东蔓延，最后消失在印度洋中。这条裂缝是迄今为止地球大陆上最大的裂缝。它是整个地球的板块和裂缝系统中的一部分，但大部分在水下，位于海洋中。裂缝处喷涌出熔岩。频繁喷发的大型活火山沿着裂缝的走向分布，这就是名副其实的环太平洋火山带。

这条裂缝在非洲的特殊之处在于，它将非洲大陆从北到南长度约占其三分之二的一个部分从大陆上分割开来并撕裂。在未来数百万年的时间里，其中将会产生一个新的海洋。当前，我们可以在这个以地质年代来看始终都不平静的地球上看到海洋形成的开端。

在非洲，这一地质运动沿着大陆板块不断释放出新鲜的营养成分，供植物

6. 维龙加雨林

和动物进一步利用。这些营养成分是新发展的源泉。东非高原的热带稀树草原数百万年来一直支撑着大量大型动物的生存，在这期间不断有新发展出现。上图中这对蝴蝶展示了两个不再相互交配的不同物种，这也是说明物种形成与进化过程的一个简单而直观的例子：如果自然界的整体条件是有利于物种进化的，那么小的差异最终会演化成大的差异。地处刚果盆地边缘，位于赤道上的东非就能提供这样的自然条件，这里土壤养分丰富，降雨丰沛，湖泊、溪流以及河流中的水资源丰富，由于海拔高，热带气候更为温和。如果人们可以自己创造天堂的话，这里堪称拥有人们想象中属于天堂的一切条件。

上述风景没有出现在图中，原因很简单。因为有利的条件并没有使人们的相处更加和谐，加深合作。仅仅几十年前，胡图族和图西族这两个非洲民族还企图在卢旺达把对方置于死地。在非洲，没有哪个地方能像被委婉地称为“黑色大陆的瑞士”的卢旺达地区那样发生剧烈的人口暴增。森林本应是溪流和河流中水流持续涌动的保证，而这里的森林和土壤正遭到破坏，日益退化。

在森林中居住的人口与山地大猩猩和许多其他动物物种一样，都面临着灭绝的危险。欧洲人给非洲人带来的绝不是他们出于传教的热情而输入的文化，而是导致经过数百年乃至数千年的发展，已与当地条件相适应的文化遭到破坏。早在欧洲人到达之前，阿拉伯奴隶贩子就已经在非洲劫掠人口，并将之作为奴隶售卖。随着外国人的到来，疾病也随之而来，进一步削减了大量人口。不同的非洲族裔群体有着不同的境遇，有的向外扩散，有的被赶回家乡，有的惨遭灭绝。适者生存法则的残酷性在非洲的各个种族身上得到了充分体现。班图族的扩张在非洲部落中引发了巨大的变化，堪比欧亚大陆上的民族大迁徙。当欧洲人开始分割非洲的时候，非洲已经不是一个处于原始状态的天堂大陆。然而，殖民主义使一切变得更糟。人与自然和谐相处的想法在任何一个地方，都不会像在这个有着天堂般生活条件的地方一样难以实现。

热带雨林的薄土

现在，让我们重点关注一下热带雨林的土壤。为什么气候温和与寒冷地区的森林都以几乎全年不变的高强度态势生长，而这些森林却有着比热带森林更多的腐殖质？在年总量中，热带森林应该比靠近极地的森林产出更多，因为越靠近极地，生长季节就会变得越短。这个结论不仅显而易见，而且外部印象甚至强化了这样的假设：热带森林一定生长在非常肥沃的土壤上，因为它作为一片广阔的常绿丛林是如此茂盛。当亚历山大·冯·洪堡在奥里诺科河河岸探索南美的热带森林时，就被这种幻象所迷惑，那里的丰富资源着实征服了他和他的同伴——植物学家埃梅·邦普兰。他们认为，这可能是最为肥沃的土壤了。洪堡总结说，亚马孙地区将是属于未来的土地，因为那里水资源丰富，森林连绵不断，温度一直在 30℃左右浮动，可以说是相当舒适。但是，洪堡以及他之后的许多探险家都没有注意到，生活在亚马孙、委内瑞拉和哥伦比亚的雨林中的人口是如此之少。加勒比海沿岸的干旱地区，气候有时热得要命，却在两百年前就是人口稠密的地方了。安第斯山脉的寒冷高原也是如此，在西班牙征服者到来之前，先进的印加文明已经在这里发展起来，并从秘鲁扩张到南部的智利和北部的哥伦比亚。在当今的巴拉圭和阿根廷北部，一个由耶稣会士领导的印第安人国度在洪堡的时代曾盛极一时。在潘帕斯草原的南部内陆地区，高乔人（Gaucho）带着他们的羊群同来自南极洲的风暴抗争。在巴西，内地的定居者从东南和南部迁到塞拉多的干燥丛林中。然而，在洪堡的时代，亚马孙地区基本上还是未知的荒野，在那里只有印第安人、传教士和淘金者。

即使在洪堡的时代之后的一个世纪，闯入这片地球上最大雨林的也并不是预言中去开辟富饶新世界的殖民者，而是橡胶开采者，他们是为获得汽车轮胎橡胶而闯入的。当亚马孙雨林最偏远的角落第一次遭遇较大规模的砍伐时，北美的大片森林已经遭到破坏。森林砍伐是以遥远的巴西朗多尼亚（Rondônia）和阿克里（Acre）为起点，而不是从远洋船可以航行的亚马孙河下游开始的。第一批大型种植园建立于100年前并最终失败，丰茂的热带森林并没有带来巨大的收益。

一般来说，土壤贫瘠还是肥沃，取决于降水和温度。如果最好的土壤长期处于冻土状态，那么它对植物的生长和发育来说是没有用的。富含植物可用矿物质的荒漠土壤在适当的灌溉下也可以有很好的收成，只是往往会发生土地盐化现象，因为水流会溶解土壤中的盐分，并将其引到地表。

为什么森林中不会出现，或者只在特别不利的条件下才会出现土壤盐化？主要原因在于树木对水分平衡的调节。树木吸收地下水，同时又避免土壤表面的水分过度蒸发，因为它们为土壤遮阳并保持土壤湿润。大片森林发挥的作用更大。它们不仅蒸发了大量的水，还利用蒸发的水产生了新的降水，上升的水汽凝结成云层，随着上升的高度变得更加密集，形成阵雨云和雷雨云（积雨云）。在小型林区，这一点并不明显，或者可以说对季节性或年降水总量没有数额上的影响。然而，这种自产的雨水对大面积森林地区非常重要，对热带雨林也有着最强烈的影响。亚马孙地区是这方面最好的例子。

亚马孙雨林有一个独特的地形特征。如第66页的地图所示，雨林在亚马孙河口相对狭窄。然而，离海越远，它就越宽，最大宽度甚至与高大的安第斯山脉的最大宽度相等。在那里，它还与哥伦比亚的马格达莱纳河上游和委内瑞拉的奥里诺科河上的雨林相连，这些雨林不属于亚马孙河流域。亚马孙河流域的特征极为显著，它的形状像一个扁平的梨，亚马孙河口作为它的“梨蒂”直入南大西洋。这个地形不是简单出现的，它的形成自有其原因。越是往西向着安第斯山脉，降雨量越是罕见地猛烈增加。这确实很奇怪，因为降水云层来自大西洋，亚马孙河口地区及与其接壤的腹地应该下雨最多，而西边几千米远并且远离海洋的地方应该降水最少才对。在大面积的陆地上确实是这种情况。在北美洲，北美大草原与落基山脉交界处，即在地理上与安第斯山脉的亚马孙山麓相对应的地区，降雨稀少且毫无规律。美国中西部的广大地区本可以得到更多的降水。对此，我们需要解释亚马孙地区的“雨林梨”。

当我们观察其水循环的平衡时，它显得更加奇怪了。对于亚马孙来说，这很简单。因为来自大西洋的雨水降雨量与从亚马孙河流入大西洋的水量是相等的，年平均量约为 6600 立方千米或 6.6 万亿升。亚马孙河流域有近 600 万平方公里，这样算下来，区域降水量对热带雨林而言实在太低了，要形成并且维持雨林环境，至少需要两倍的降水。

事实上，这隐藏着一个大问题，稍后我们会进一步阐述。为什么远在西部的雨量比大西洋附近的雨量大？这是因为来自南大西洋的水在亚马孙地区经历了更多的循环周期。它被森林多次送回大气层，上升并凝结成阵雨，最后流入河流并回归大海。在海洋—云层—来到陆地上空—降水—流入河流并通过亚马孙河返回海洋的大循环中也包含了森林本身产生的无数小循环。水从森林中上升，凝结成云，并以强降雨的形式再次降下，如此多次循环往复。因此，在远离大海的安第斯山脚下，年降雨量甚至高达 10 米，而在亚马孙河口附近，降雨量只有这个数字的五分之一。

但是，只有在森林面积足够大的情况下，森林才会自己制造雨水。如果森林被砍伐，林地被转化为牲畜的牧场或种植大豆的种植园，那么如此高频的小循环就不会再出现了。年降水量会减少。如果年降水量低于大约2000毫米雨量的临界值，就会损害剩余的雨林区域，它们会干旱并且消亡。为农业用途而开发热带雨林导致森林开垦的面积越来越大，这不仅对区域气候有影响，甚至对全球也会造成影响。因此，它与中国、欧洲和美国的化石燃料燃烧一样，属于一个全球性问题。

雨水的另一个作用是直接影响土壤。高降雨量不可避免地意味着树木生长所需的矿物养分在雨水的冲刷下会相应地大量流失。倘若土壤被大量的降水连续冲刷了几千年，那么除了沙子和部分矿物质等非水溶性成分，什么都不会留下。在热带雨水的冲刷下，只需要几年就足以使这里的许多地方成为纯粹的沙地。所有的水溶性矿物盐都会通过地下水进入溪流和河流，并被完全输送到大海。即使是茂密的森林也不能避免高降水量期间的雨水冲刷损失。

那么，为什么在地球上降水量最高的地区，却能生长出最茂盛的森林呢？事实上，热带雨林在几百万年前就已经形成，它所经历的时间非常长。其中一些森林被认为是现存最古老的森林，其土壤应该早就不再含有水溶性的植物养分了。唯一的例外应该是岩石接近地表并不断风化的地方，它们产生土壤并释放出营养物质，树木的根部也参与了这种风化。但到目前为止，亚马孙地区最主要的组成部分是沉淀盆地。岩石主要分布在边缘地带，即东北部的圭亚那地盾和南部的巴西中部山地。在西部，安第斯山脉陡然下降到亚马孙盆地，几乎没有任何过渡山麓。在北部和南部，开阔平坦的洼地与前面提到过的奥里诺科河盆地相连，在南部还与南美洲的另一条大河巴拉那河相连。

因此，亚马孙的热带雨林大部分不是生长在岩石地上，而是生长在几百万年来事实上由大量降水冲刷而来的沉积物上。因此，它们肯定是相当贫瘠的。森林却似乎证明了相反的情况。这就是为什么洪堡认为，亚马孙热带雨林的丰富性证明其拥有最佳的生长条件和肥力。但事实上，亚马孙的土壤中矿物盐非常匮乏，只有薄薄的一层，像腐殖质一般覆盖在土壤上，用耙子敲几下就足以暴露出沙子或含铝的高岭土。在亚马孙雨林中修建有道路的地方，土壤截面显示出，雨林是在怎样稀少得令人难以置信的表层土壤中成长，并且繁茂成林的。我们的印象是土壤和森林并不相配。每一场瓢泼大雨都会冲走一些看起来还算肥沃的东西。

热带雨林如何养活自己

对于这个基本问题，水能给我们提供一些线索。这里有从森林里流出的溪水，还有常常倾盆而下的暴雨。让我们继续聚焦亚马孙地区，因为只要了解了地球上最大的雨林地区的情况，就可以理解另外两个主要热带雨林区——刚果盆地和东南亚雨林的特点。在我们开始了解之前，有一些情况早已为人所知。亚马孙地区的河流按河水的颜色可分为三种类型：白浊水、黑水和清水。白浊水大体是乳白色的混浊水流，更像是牛奶咖啡，并不是真正的白色；黑水看起来像流动的油，当你把它舀到一个大一些的容器中，水就会呈现褐色；清水不包含任何混浊物，就只是清澈的水。

这些差异的重要意义对于亚马孙地区的印第安原住民来说是众所周知的事情。它甚至表现在不同部落的定居地点和定居方式上。水中的矿物质含量以及与其相关的土壤肥力诠释了“印第安模式”的含义。白浊水的来源是安第斯山脉。高山的矿物质颗粒导致了水质混浊，而这也使得每年在特定时间段都会被洪水淹没很久的河岸区域变得肥沃。尽管它不像尼罗河的洪水那般泛滥，但是从根本上说二者是相似的。亚马孙地区白浊洪水泛滥区被称为瓦尔泽亚（Varzea）。几个世纪以来，欧洲殖民者的后代和被称为卡波克洛人（Caboclo）的“混血儿”也在这些地方定居，尽管在洪水来临时水面会上升 10 米甚至更多。此外，在瓦尔泽亚有许多蚊子。黑水洪泛区被称为伊加波（Igapo），与瓦尔泽亚完全不同。在该地，洪水会升到树梢那么高，并常常数周都保持在这个高度上，水位低的时候也不会形成肥沃的河岸地带。这里通常没有蚊子，但也没有什么东西可以在这儿生长，因为洪水过后，土壤流失的营养多于新获得的营养。清水的河岸也同样贫瘠，由于水质清澈，倒是更容易用弓箭或鱼叉捕鱼，但由于清水里的鱼很少，所以这样做并没有什么实际收获。

印第安原住民数百年乃至数千年来的经验证实了德国马克斯·普朗克湖沼学研究所（Max Planck Institute for Limnology）的科学家在20世纪下半叶的测量结果。清水水流和黑水水流中，所谓的电解质即作为离子导电、能在水中溶解的矿物质，含量极低。水的电导率是衡量水中包括植物营养盐在内的离子的重要指标。腐殖酸溶于黑水中，使水呈现褐色并导致水质酸化，不利于植物的生长。在褐色的沼泽湖中就可以发现腐殖酸的存在。白浊水则与其全然不同，含有植物所需要的电解质，如钾、钙、镁以及磷酸盐。这些物质来自安第斯山脉的风化岩石。安第斯山脉岩石的电解质含量不如尼罗河两条主要支流的发源地——埃塞俄比亚高原的岩石，原因是亚马孙周边地区火山稀少。火山岩比石灰岩、砂岩和花岗岩的电解质含量要更高（得多）。这是亚马孙雨林与东南亚大部分雨林的主要区别。热带研究学者恩斯特·约瑟夫·菲特考（Ernst Josef Fittkau）基于现有研究结果绘制了亚马孙地区的生态地图。它分为三个部分：横跨白浊水的“安第斯山余脉”、黑水与清水的汇流以及位于其间的亚马孙中心大片雨林区。然而，大片的雨林是从哪里获得所需营养的呢?

进一步的研究结果给出了回答。经过对其成分进行精确的电导率测定，可知亚马孙森林溪流中的水比雨水更纯净。它不含钙和镁，其他矿物质的含量也微乎其微，几乎检测不到。如果你在森林的清水溪流中洗手，轻轻揉搓肥皂就足以产生近乎无穷的泡沫。这一奇特的发现背后有着重要的原因。极度缺乏矿物质会导致牙齿易受腐蚀，骨质疏松，人们渴求盐的摄入，因为在热带闷热的环境中出汗会导致太多的盐分流失。矿物质含量极低的水对于一些水生动物来说，意味着它们的身体吸收的矿物质比它们真正需要的矿物质要多。当体外水的盐分远少于动物体内时，就会出现渗透梯度，迫使动物体内产生某种防水机制，以防止过多的水进入体内。持续排出多余的水分需要花费能量。也正因如此，恰恰是巨骨舌鱼（*Arapaima gigas*）在亚马孙地区比较常见，它是一种能成功于此地存活的鱼类。除此之外还有典型的食肉鱼，它们有能吃到落水食物的锋利牙齿。它们可以从这种食物中获取矿物质，以补充不可避免的损失。

但森林作为一个整体仍不可避免地会流失矿物质。流失的量可以通过流出森林的水的电解质含量来测量。即使每立方米水中只有几毫克，但是年复一年地流失会使其最终在亚马孙地区不见踪迹，并被冲到南大西洋中。因此，亚马孙的森林将逐步陷入饥饿的状态，除了每次发洪水后都会得到来自安第斯山脉最新补给的白浊水河岸地带。

进一步的研究结果使答案逐步浮出水面。绝大多数生长在“永久性陆地”（terra firme），即大片没有被洪水淹没的土地上的植物的生长根系很浅，与人们的想象相反，它们在土壤中的固定性不是太好。一场普通的雷雨就足以击倒一棵大树，因为即使是生长得十分高大的板状根和支柱根也不具有足够的稳定性。通过对热带雨林的广泛研究，我们了解到，雨林树木的根系会在地表附近延伸成一个巨大的“精细过滤器”。借助这种“精细过滤器”，树木能吸收树叶或倒下的树干分解时释放的矿物质。细密的菌丝在这一“短路”式的直接再利用中能起到一定作用。在我们日常所熟悉的土壤中，腐殖质中储存着被分解的物质。因此，腐殖质被认为是特别肥沃的。热带雨林的土壤不产生腐殖质，因为树根会立即吸收、分解和矿化整个过程中释放的一切物质。树叶和树根形成一个紧密的循环系统。

然而，即便这样也不能完全防止植物的养分被雨水冲走。降水量实在太大，暴雨过于猛烈。森林溪流的低矿物含量就体现出这些损失不可避免。通过观察雨林树木的树梢和树叶，就可以清晰地看出树木是如何弥补这种损失的。位于树冠上的是各式各样我们非常熟悉的室内植物和观赏植物：兰花、凤梨和蕨类植物。用通俗的德语来说，它们被称作“坐落式植物”（Aufsitzerpflanzen），这比专业名词“附生植物”（*epiphyte*）更好理解。它们的根部与地面没有接触，但也没有侵入树枝或树干。因此，它们不是寄居在树上的寄生虫，而是附生在树木上，在空气中觅食，正如这个词的字面意思一样。这是因为，像大多数其他植物一样，它们不仅要吸收二氧化碳，而且还要吸收水和必要的矿物质。显然，它们以这种生活方式生存必须非常节俭。但是它们的存在和常见程度表明，空气中显然含有丰富的矿物质。

如果我们更仔细地观察，可以在叶子上更清楚地看到很小甚至是微小的“坐落物”，即附生植物。它们像微小的草坪一样坐落在树叶上，使一些大叶子看起来斑斑驳驳，大概这也是树叶上能形成滴水叶尖（Träufelspitze，英语 Drip tip）的重要原因。雨水落在这些地方后会更快地流动或滴落，使得树叶总是

很快就变干。这可以避免附生植物生长过于密集，影响到雨林树木的叶子。此外，附生植物以其巨大的表面积，从雨水中过滤出特别多的矿物质，树木也能从中再次受益，广义地看树木获得的益处比大型附生植物还多。只有时不时降临的雷雨会把这些矿物质冲刷到地面，而树根又能继续从中吸收营养成分。

空气中的矿物质到底来自哪里，直到20世纪下半叶仍旧是未解之谜。来自在信风和风暴的推动下涌向海岸的海浪？或者来自拥有大片开阔土地的南美洲北部和东南部的干旱地区？当然肯定会有这些来源，但精细的化学分析指向另外一个距离遥远的来源——信风从撒哈拉将丰富的矿物质裹挟到了亚马孙热带雨林的上空。当撒哈拉的尘土被吹到空中的时候，如果赶上强沙尘暴或者合适的大区域气象状况，甚至连中欧地区也会经历这种现象的连带影响。在迷信盛行的时代，因此而来的雨水被称为血雨，因为降水的颜色是褐色甚至是黄褐色的。染色情况显示尘土中含有铁化合物。

测量结果表明，不断被信风从非洲吹入亚马孙的尘土不仅能弥补因雨水冲刷和河水流动造成的损失，而且它确实含有雨林中的树木生长所需的矿物质，主要有磷酸盐、钾和镁，还有钙、铁和微量元素。夸张地说，我们甚至可以确定，亚马孙雨林的大部分地区实际上是在表层土壤之上的，表层土壤几乎不能提供根系需要的物质，但是树叶会像根系一样从空气中吸收营养。在这方面，热带雨林与高沼地相似。高沼地也是从空气中吸收养分，其下端的腐泥煤是由泥炭藓产生的，只起到作为底层和储水的作用。

这种特殊性自然会对热带雨林的使用方式产生影响。我们不能简单地将雨林砍光伐尽，然后在上面种植玉米或小麦，因为毫无疑问，这在高沼地是不可能实现的。拥有国际金融资本的大公司对热带雨林尤其缺乏认识。关于这一点，在本书的第二部分将有更多介绍。

让我们简要地总结一下热带雨林中土壤、水平衡和矿物质供应方面出现的情况。首先，这些情况表明亚马孙雨林以及非洲和东南亚雨林的很大一部分都生长在按欧洲标准来说属于贫瘠的土壤上。其次，我们发现大面积的雨林维持着自己的降水气候，水在森林和大气之间循环数次，最终才返回海洋。最后，兰花和包括叶子上的附生植物在内的其他附生物并不是一种像我们看来那样无用的奢侈品，它们反映出热带雨林的主要营养来源是空气。由于热带雨林这三个以及其他还未发现的特征的共同作用，使得这里形成了一个复杂烦琐和内部极其封闭的生态系统。就规模大小而言，亚马孙地区的总体情况尤其令人印象深刻：来自撒哈拉的尘土平衡了亚马孙的巨大洪水以平均每秒超过20万立方米的速度涌入大西洋造成的不可避免的损失。如果德国的农业也有这样一个高效的封闭系统，易北河、莱茵河和多瑙河就会以饮用水的质量分别流入北海和黑海，而土壤或地下水中也不会残留任何毒素或污染物。这不就是人们所期望的循环利用吗？亚马孙地区的印第安人又是如何处理这个问题的呢？

雨林中的人类生活

亚马孙印第安人在与欧洲人接触之前主要是以狩猎者和采集者的身份生活，尤其是那些幽居在森林深处的部落更是如此，直到他们不得不与传教士、橡胶采集者、淘金者和移民打交道，这种情况才开始有所转变。尽管如此，最新的研究还是表明，亚马孙河沿岸的耕作在几千年前就已经相当普遍了。对所谓的黑土（terra preta）的研究就证明了这一点。但是在这里还谈不上存在大规模种植，不要说亚马孙河的洪水在过去的几百年甚至是几千年里可能都没有达到尼罗河那样的泛滥，就算是在全球都更为潮湿和更为干燥的时期，像尼罗河流域那样的河川文化也绝不可能出现亚马孙河流域。

黑土的成分与瓦尔泽亚区基本一致，也就是说这里经常受到白浊水中新鲜营养成分的滋润。现在看来，早先对亚马孙地区的印第安人出现频率的估计可能太低。但即便是修正后的定居密度值，也与尼罗河河岸的定居密度相差甚远。如果居民定居点集中在河岸边，而广阔的“永久性陆地”中的森林腹地只是偶尔有人进入，或者数十年都未被使用，那么换算每平方公里的人口数也就没有什么意义。这样的条件与某些大沙漠中的情况相似，在那些沙漠里，人口聚集在绿洲和特定的山谷或山脉中。路过的商队在沙漠中只是短暂停留，这对于浩瀚的沙漠来说是微不足道的。亚马孙地区作为一片广阔的空间，其天然条件也大抵如此。

然而，这样一个大型场景是由众多小定居点共同组成的，它们不仅仅位于河流沿岸，有些定居点甚至位于封闭的雨林与热带稀树草原之间的过渡地带，是长久以来有名的迁移农业的典型象征。通常会有不到一公顷的小片区域被开垦出来作为种植用地。实际上，它们被用来种植花园植物，不是通常意义上的田地。此外，在欧洲人到来之前，亚马孙地区还没有香蕉，而香蕉是当前对我们极为重要的作物，因为它要求不高，生长迅速，且不需要进一步加工。最重要的经济作物是木薯，它可能是亚马孙周边地区发展起来的一种作物。值得强调的是，它们有着重要的意义。它们是植物淀粉的主要来源，令人惊讶。在这些极小的空地上还种植了小棕榈树。由于这些小棕榈树几年后就不能产出可食用的棕榈果，因此，印第安人必须提前几年就选好种植地点种下种子，并准确地记住这些地方，以便在几年后树龄大到可以结果时能再找到它们。相比之下，玉米的种植比较容易，但产量仍然很低，因为玉米适合在比亚马孙地区更好的土壤上生长，而且由于它自身缺乏保护物质（毒性），会引得很多动物（害虫）来吃它。

这些参考信息或许足以表明，印第安人不可能简单地将一片雨林砍伐一空，然后在上面种植他们想要或需要的东西。在贫瘠的土壤上没有什么植物能茂密地生长，尤其是不可能实现持续生长。由于一块块本就贫瘠的土地肥力丧失得太快，所以印第安人必须每年或每隔几年就换一块全新的土地开垦。土地只有在新开垦的第一年才看上去状况良好，这种状态或许也能保持到第二年。

印第安人开垦土地的方式会使农作物受益。他们不是简单地清除森林，而是先大体上砍伐干净，然后放火烧林。巨大的树干就让其横躺在地面上，反正这对他们来说也没有其他用途了。唯一需要的木材是适合用来支撑木屋的材料，印第安人会将棕榈树枝叶层层搭在上面。烧火需要使用小块的木材。在印第安人获得斧头或在20世纪获得以汽油为动力的手提锯之前，砍伐大树几乎是不可能的。许多木材的质地十分坚硬，使用石器根本无济于事，除非一圈一圈地剥去树皮，而这会导致树木死亡。木材的内部满是硅酸之类的物质，所以会得到铁木或斧头粉碎机这样一种恰如其分的称呼，在非热带地区，这种热带硬木被视为珍宝。随着热带雨林的燃烧，该地区并没有真正被开垦，而是出现了这种情况——在这片可燃的土地上，储存在植被中的矿物质作为燃烧后产生的灰烬被释放出来，为耕种区种植作物提供了初始肥料。

让我们简单地回顾一下热带雨林的基本生态结构。树木将自身垄断的营养物质牢牢地锁定在树干上，而土壤中的营养物质很少，而且几乎没有腐殖质。因此，对印第安人来说，利用树木的目的就必然是释放这些储存的矿物质。他们不能等待硬木自己腐烂掉，这将花费太多时间。唯一可行的就是节省成本的燃烧，这产生了尽量少的飞灰，却留下了很多半焦化的材料，雨水会渐渐冲刷出其中的矿物质。播种是借助松土木铲，使用人力完成的。这种种植方式看起来并不是特别先进，但被证明是一种适应环境的种植形式。由于土壤没有大面积裸露，强降雨并不能立即浸滤出灰烬。对人类的挑战在于应该如何发展种植，使储存了几十年的物质在几年内都可以得到利用。这就意味着印第安人不可避免地每隔很短的时间就要更换开垦区域。换句话说就是采用迁移耕作方式，而不是持续耕作。这里要再次强调的是，土地的使用时间大约是森林自身发展所需的十分之一时间段以内，如果是土地极其贫瘠的森林则为百分之一。这样的地方在变为两三年间的种植区之前，森林已经历了两三个世纪的发展。

在这一点上，热带雨林生态循环的封闭性带来的一个非常重要的影响值得我们注意：这样一个系统中不会产生可用的盈余。生态系统越接近平衡，盈余就越小。农业只有在存在高度不平衡的情况下才能发挥作用，想要二次利用热带雨林也要满足这一条件。

迁移农业与雨林循环类似，它通过燃烧快速地开启了森林这个仓库，有利于植物的快速生长，却打破了雨林的循环。最能适应这种情况的植物是那些生长迅速且对土壤或小气候没有任何特殊要求的植物。它们必须能承受强烈的光照，剧烈的降雨，并且能在一段时间内持续抵抗干旱或洪水。这样的植物与别的典型雨林物种，尤其是树木非常不同。树木由于生长缓慢，因此木质非常坚硬，很少开花或结果，并分泌出各种各样的毒素使自身免受动物的侵犯。如果没有这些，它们就会像人类种植的许多经济作物一样，成为各种动物的理想食物，包括嚼碎作物叶片带回蚁穴让其长出真菌的切叶蚁、各种蝴蝶的毛虫、甲虫的幼虫，当然还有猴子和鸟。

通过焚林开垦短暂地补救营养不足的问题后，就会有大批动物掠食者涌入种植区，当然其他植物之间也会发生激烈竞争，它们为了争夺有利生长的营养成分和光照，竞相展开激战。由于合适的热量和湿度会为植物生长提供理想条件，因此照料植物是一项持续的斗争。对人类来说，在雨林中生活不论是过去还是现在都没什么甜头可言。在种植方面主要由妇女投入必要的时间和精力，而男子则花费大体上同样的时间用于狩猎。因为出于同样的一些原因，野兽的数量极少。在森林生态系统大体封闭的循环中，动物也几乎得不到什么好处。

我们要记住：动物的总生物量往往只占植物的生物量即植物量的百分之几，其中一半甚至超过一半都是蚂蚁和白蚁，而它们不是特别适合作为人类的动物性食物。毛毛虫、甲虫、蟑螂、飞蛾、蜘蛛、青蛙和其他小动物也同样是这个问题。适合猎杀的中等和大型动物只在本就不多的动物总生物量中占据剩余极小部分。对于印第安狩猎者和采集者来说，猎获物是一种补充食物。猎获物中的动物蛋白可以弥补人类淀粉和糖类

GABON

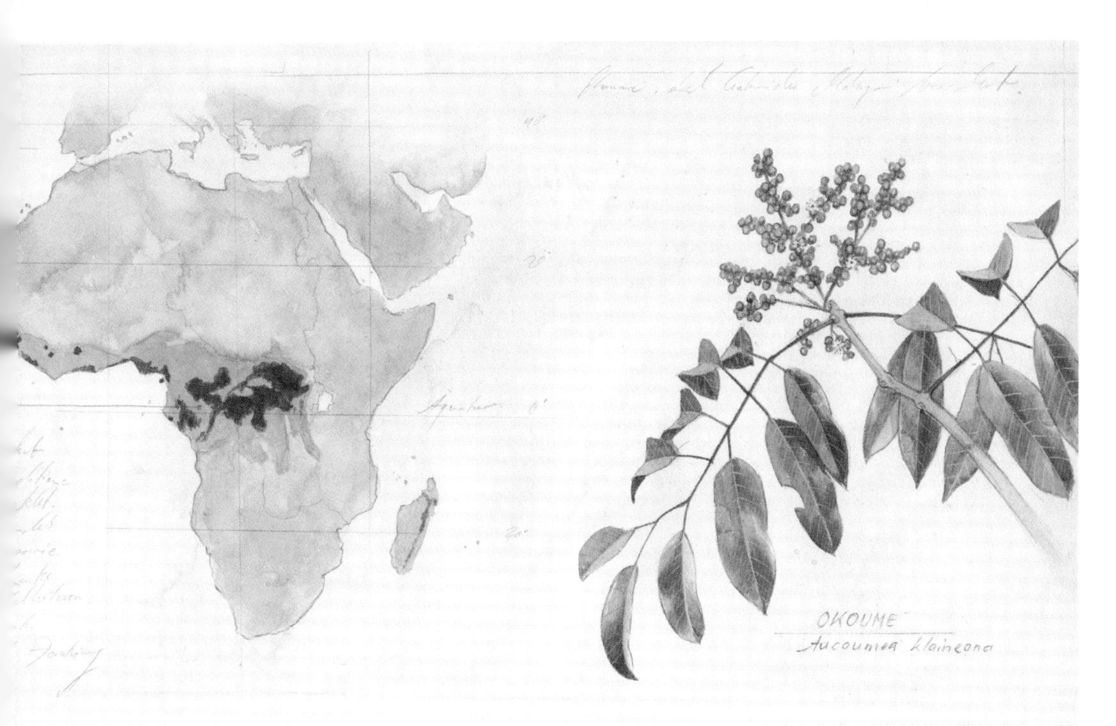

Von der Elfenbeinküste im Westen bis zu den Virunga-Vulkanen im Osten überzog tropischer Regenwald die äquatoriale Tieflandsregion Afrikas. „Das Herz der Finsternis" hate der Schriftsteller Joseph Conrad diesen Wald genannt, den der mächtigste Fluss Afrikas, der Kongo, durchzieht. Für die Europäer steckt dieser Wald voller Geheimnisse und Gefahren. Zwergwüchsige Menschen, Pygmäen, leben in den oft sumpfigen, fieberschwangeren Wäldern. Eine Vielzahl von Krankheiten erschwert den Zugang. Aber Afrikaner der Bantu-Gruppe drängten in die küstennahen Wälder und aus den Savannen in den afrikanischen Regenwald. Große Teile davon sind gerodet und in ertragsschwaches Kulturland umgewandelt, in dem stets Fieber drohen, wie das gefährliche Ebola-Fieber. Regenwaldtiere werden als „Buschfleisch" gejagt, was den Kontakt zu Krankheitserregern tierischen Urspungs fördert. Edelhölzer wie die Okume werden genutzt und exportiert. Anders als im amazonischen Regenwald leben in den Kongowäldern aber auch solch große Tiere, wie Waldelefanten, Büffel und das zu den Giraffen gehörende Okapi. Viele Pflanzen sind auf ihre Wirkstoffe noch nicht untersucht und vielleicht von großer Bedeutung für die Menschheit.

b) 定居生存压力——刚果

主食中蛋白质的不足。主食营养主要是为日常生活提供能量，如吃香蕉和其他各种甜的、可食用的水果。木薯是一种优质且高产的淀粉来源。对于亚马孙地区的许多印第安群落及沿河的定居者即卡波克洛人来说，木薯是他们饮食中的“主要燃料”。

但木薯是有毒的，而且毒性巨大。尽管它与马铃薯不同，但人们也是从块茎中获得木薯粉的，为此必须采用复杂的工序、耗费大量时间冲洗和去毒。印第安人还为此制作了特殊的水管。将木薯加工成可储存的碎屑状粗粉需要好几个小时的时间。因此，木薯是将植物作为食物的典型例子。只有在彻底解毒后才能食用它。

主要食物中唯一的例外是水果。它们“应该”被吃掉，因为这样可以传播种子，并把种子带到森林中可能发芽和生长的地方。鸟类是生长在树冠上的小果实最重要的天然食用者和传播者。又大又重的种子则落到地上，被西猯或刺豚鼠这样的哺乳动物找到并带走，如巴西坚果。为了得到果实，动物们不得不在森林中不停地四处游走。

印第安人作为狩猎者和采集者的生活方式与热带雨林的这些条件相吻合。他们小规模的迁移农业也是如此，因为它复制了风暴刮倒一个或多个大范围林区这种自然现象。在这样的空地上，新的生命几乎一夜之间就能冒出来，但也只能持续很短的一段时间。然后，空地会消失，森林将它们又整合在了一起。包括那些生长在林中空地上的植物在内，大多数植物的毒性可以阻止食用者如毛虫、甲虫或植物臭虫等迅速大量地繁殖。这就是一种自相矛盾的状况，人类只能以极不稳定的生活方式生存于热带雨林几乎亘古不变的状态中，而且还需要人为放火焚林。

火焰星球：焚林开垦与生物多样性的关系

人类需要火。与其他任何技术相比，火的使用在生物学和生态学上都更能体现出人类的特点。在生物学上，食物煎炸或蒸煮后更容易消化，更方便食用。如果没有学会食用煎过的肉，我们的大脑可能发展不到如此高级的程度。如果没有烹饪使我们更容易吸收含淀粉食物中的卡路里，我们将无法满足大脑的能量需求。大脑的能量需求占我们日常基础代谢率的 20%，尽管它只占我们身体重量的 2% 甚至更少。在生态学上，使用火让人类成功地改造了自然，使其能够满足我们的需求。人们利用火不断地制造出不平衡的状态，焚烧使地貌恢复到新生命的初始状态，焚林开垦从森林中创造了田地。之所以这样做有可行性，那是因为地球本质上就是一颗火焰星球。不是地球本身，而是地球上薄薄的覆盖物形成了生命。

这样的说法听上去似乎令人惊讶，甚至让人觉得荒谬，但事实上它比任何其他概括都更好地描述了地球上的生命。因为只有当我们真正把空气消耗殆尽，我们才会对这个过程有所体会。这里我们指的是在空气中占不到 21% 的氧气，而不是对我们的呼吸无足轻重的氮气，也不是在当今时代明显增多、但占比仍然很少的二氧化碳。氧气对我们来说至关重要，它维持着生命的火焰，我们将这个过程称为呼吸。但吸入氧气和呼出二氧化碳只是外在结果，起关键作用的是内部过程，即我们以食物形式所摄入物质的燃烧过程。我们从中汲取生命的能量。

这个过程与绿色植物的光合作用完全相反。光合作用产生有机物质，首先是糖，并在这个过程中释放出氧气。如果没有保护措施防止氧气渗透到生物体内，将其限制在一个很小但又必要的范围内，这将让整个地球燃起熊熊大火。正如化学家所说，无生命的自然实际上是经历过燃烧的被氧化的自然。如果涉及含铁的岩石，我们也可以说是那是生锈的石头。地球大气中的氧气含量超过五分之一，这是由光合作用产生的。它使地球的表面变得具有可燃性。为什么这与我们密切相关？从南极到北极，氧气存在于整个大气层中，而众所周知，水能灭火。

干燥期甚短的热带雨林正是在全年大量降雨的保护下得以免遭火灾的侵袭。热带雨林在本质上是不可燃的，甚至连最强的闪电也不能引发森林火灾，其他所有的森林几乎很难做到这一点。只有小规模的非热带沿海雨林有着与热带雨林类似的防火能力。这也使它们显得格外特别，因为即使是北极的冻原在夏季也会燃烧。所有的草原都会不时地受到火灾影响，干燥的森林当然也是如此。我们保护森林不受森林火灾的影响，这与森林的性质相悖。原因很简单。防止森林火灾是为了更好地拥有它们，森林具有使用价值和商业价值。此外，定居点、农田和运输线路附近也要防范森林火灾。然而从长远来看，完全不让火灾发生对森林没有好处。火生态学上的这些研究发现在德国几乎完全被忽视了，因为它们与政治和社会目标相悖，但这并不改变它们是正确的事实。而且，对森林火灾的灵活管理可以防止发生真正的灾难，如 2019 年澳大利亚的森林火灾，以及地中海地区一再发生的森林火灾。

森林火灾的发生是因为随着森林的生长，地面上逐渐积累了过多干燥、未腐烂的物质。这延迟了森林的更新，我们也可以称之为森林的再生。如果一片森林一直被人为开发，那么砍伐树木对这片森林的作用与森林火灾截然不同，木材会彻底离开这片森林，从此结束循环再利用。如果木材不作为燃料燃烧，而是用于建筑，那么木材中的二氧化碳的确会储存得更久。但是，不断燃烧地球远古时期产生的植物残骸——煤炭和石油的话，向大气输送的二氧化碳将远远多于将木材作为建筑材料所储存的二氧化碳。因此，在我们这个时代，让已经成熟但尚未老化的森林保持继续生长或许才是合理的，因为它们能储存大量二氧化碳。

这些思考与热带雨林有很大关系。首先，这涉及大规模焚林开垦对地球的气候存在多大程度影响的问题。其次，我们要消除一个误解，那就是只要我们不干涉，热带雨林就会给我们提供氧气。

热带雨林被称为“世界的绿肺”，但这种比喻并不恰当，严格说来甚至是错误的。肺部会释放二氧化碳并吸收氧气，而在森林中，情况正好相反——森林释放氧气，吸收二氧化碳。但即便我们只是指气体交换，这种比喻也有明显的瑕疵。通常我们所指的不是两种气体的平衡，而应该是指：只有一个处于生长状态且生物量不断增加的森林才会产生相较自身分解和消耗所需更多的氧气。一个处于相对平衡状态的成熟森林既不会吸收比自身所释放的更多的二氧化碳，也不会释放可供我们使用的氧气。光合作用（积累）和呼吸作用（分解）是处于平衡状态的，它们在平衡中相互抵消。我们不需要（成熟的）热带雨林来为我们提供氧气。

尽管如此，热带雨林遭到破坏对全球气候来说并非无关紧要，恰恰就因为它们处于平衡状态之中。砍伐森林破坏了这种平衡。它释放了森林在几百年甚至几千年成长过程中所维持和储存的二氧化碳。就像泥炭地在泥炭中积累了数千年的二氧化碳一样，热带雨林也在差不多长的时间内积累了碳。毁林行为与烧煤差不多，但并没有提供能源这种勉强还算合理的目的。在处理雨林被破坏的后果时，必须要回到这一点上来。

印第安人在雨林中实行迁移农业时采用的焚林开垦方式可以比作在炉灶内烧火，过程是受控的。相反，我们这个时代大规模的焚林开垦引发的是破坏性的大范围火灾。各个国家不能再以国家独立自主为借口焚林开垦，因为每一个热带国家都已经融入全球社会，就连巴西这样的大国也不例外。

此外，印第安人与非洲和东南亚雨林原住民所采用的微小规模的焚林开垦与当今时代的大规模开垦还存在着一个更为重要的区别尚未提及。土著居民对森林的干涉促进并确保了森林的高度生物多样性。相反，目前为生产生物乙醇而将雨林转换为牧场、油棕种植园、豆田和甘蔗种植园的做法却正在破坏生物多样性。为了能够理解为什么热带雨林对于保护地球生物多样性具有如此重大的意义，我们现在应该对此进行更深入的研究。

第二部分

雨林的消失及其后果

人类与森林

20世纪90年代初的一天，我站在潘塔纳尔（Pantanal）湿地的北部边缘一角举目四望。这是南美洲最大的湿地，在地理上几乎处于南美洲的中心。一片稀疏低矮的灌木丛上方是万里无云的天空，从山顶望去，它消失在地平线的阴霾中，没有一个清晰的轮廓。周围一个人也没有，甚至连人类居住过的迹象都没有。如今，当我再次来到此处向东仅几百米的位置，探访定居在兴谷（Xingu）河上游的印第安人部落沙万特人（Xavante）时，发现20年后的这里似乎一切如故，看上去没有发生任何变化。不久之前，沙万特人才刚刚开始"与外界接触"。

在看到巴西马托格罗索州首府库亚巴（Cuiab）的强劲发展后，我感到非常欣慰，我确信这片广袤的野生土地还未遭到破坏。一个星期后，为了探索在农场上开发环境友好型自然旅游的可能性，我将穿过这片区域，飞往亚马孙热带雨林的边缘地区。

红头美洲鹫在山谷中淡蓝色的薄雾上方盘旋。借助望远镜，通过观察它们保持V形的翅膀和总是轻微晃动的滑翔飞行，我认出了它们。有一种像秃鹫一样的猛禽张开翅膀盘旋在空中，飞得比红头美洲鹫还要高得多。我离得太远，无法辨认出其种类。两只巨嘴鸟飞过一个小峡谷。它们的喙又长又大，看起来头重脚轻。从四面八方传来鹦鹉的刺耳叫声。

我抬头看着正上方盘旋的雨燕（它们看起来跟德国的楼燕一样），

突然意识到自己正站在雨中。这场雨似乎更像是一场降雪，“雪花”纷飞，十分奇特，但在33℃的气温下这当然是不可能的。纷纷细雨中夹杂着较大的片状物，我反复努力终于抓住了其中的一些。它们是片状的尘埃。事实上，随着尘埃雨的加剧，它们看起来越来越像雪花。从纯蓝色万里无云的天空中飘落的“雪花”！这一认识突然破坏了我对马托格罗索“无尽广袤”的沉思冥想。在被雾霾吞噬的地平线另一侧，森林在燃烧，巨大的火苗在吞噬着它。火势大到难以想象，甚至连卫星图像上都出现了火红的斑点。火势四处蔓延，从玻利维亚东部经巴西朗多尼亚和马托格罗索北部，一直到亚马孙的东南部。

微弱的东南风将片状尘埃带到数百公里之外，甚至一直刮到潘塔纳尔湿地。当时南半球正处冬季，气候干燥，因此火灾频发。不仅南美洲热带和亚热带的大片地区火灾频发，而且在非洲南部和马达加斯加也常发生火灾。多年前德国《明镜》周刊就曾以《燃烧的星球》作为封面标题。1992年12月，“地球峰会”在里约热内卢召开，这是由联合国召开的一次关于保护地球生物多样性及资源可持续利用的大会。由于有了卫星图像，人们已经可以清楚地看到，南半球每年有相当于澳大利亚大小的面积被烧毁。尽管其中最主要的是热带稀树草原、大草原和灌木丛，但事实上，如果地面上堆积了太多未分解的可燃材料，年复一年的燃烧也会降低这些地方的肥力，而不是使其得到提高。

由于附近丛林大火带来的烟雾让能见度无法达标，库亚巴机场几天后不得不在白天关闭起飞和降落跑道，因为只有晚上才能看清航行灯。在飞往巴西利亚以及从巴西利亚一路向西飞往亚马孙南部地区的航程中，我不仅看到了大大小小的火灾，也看到了大面积开垦的牧区和豆田。我曾经考察过的热带雨林区域如今已十分接近焚林开垦的区域，地面非常干燥。无数的树木凋零，甚至那些本该常青的树木也是如此。森林中的溪流已经干涸。它们的状况表明，即使在雨季，它们也几乎没有得到任何水源补充。以鹦鹉和巨嘴鸟为主的鸟类四处遨游，数量却少得可怜，猴子、南美浣熊及其他一些野生动物也所剩无几。这样的现状注定了该地区不适合开发生态旅游。这个地区被破坏得太严重了。焚林开垦的影响很快在该地区显现出来并波及邻近地区。这一切的背后是系统的问题。

那之后的几个月后[①]，我与时任德国环境部长的克劳斯·特普费尔（Klaus Töpfer）一起到东南亚、澳大利亚和新西兰出差。特普费尔出差的目的是为1992年的里约环境峰会做准备。印度尼西亚是一个重要的中转站，因为在里约热内卢举行的联合国会议也涉及热带雨林保护的相关内容。我们从雅加达出发，飞往加里曼丹岛，在那里我们参观了当地人如何利用雨林，也就是他们所说的可持续发展，同时这也得到了官方的认可。当地人从森林中取走有价值的大树树干，留下小树继续生长，直至长成大树。热带林业的可持续发展似乎就是采用这种方式来利用森林。

尽管前期做了一些准备工作，目光所及并不完全是无的放矢，但就这么坐着直升机在上空匆匆掠过，让我们还是很难对眼前看到的景象做出什么评判。然而，在飞过广阔的沿海地区时，我们还是“大饱眼福”：我们看到了油棕种植园，从高空看下去它们就像杂乱无章的甜菜地；我们看到了大片的开垦田地；我们还看到一条条泥沙泛滥、浑浊不堪的河流。森林中参观的最大亮点是去探访一个地下矿床的常年燃烧点，厚厚的泥炭一层层覆盖在上面，无人知晓这里具体燃烧了多久。但在我们被带去参观的那个地方，地面是裂开的，散发着刺鼻气味的蓝色烟雾从越来越炽热的地面上升腾起来。如果没有穿戴带石棉隔热层的专业设备，人是无法靠近这些小型火山口的。即使只是保持安全距离远远地观看，

---

① 此处原文时间表述有误，或应为“1992年初”。

这一现象也足以让人感到震撼：这可是地下燃烧的雨林，以及就算是最强烈的热带降雨也无法熄灭的炙热炭火。难道还有什么可以比这更好地说明热带雨林的复原力吗？我们在回来的路上才真正意识到一个伴随现象，那就是在燃烧的矿床附近没有陆地水蛭。除了在这里，它们简直是东南亚雨林动物的典型代表，几乎没有任何别的动物能比它们更为典型。

亚马孙雨林与东南亚雨林截然不同，形成鲜明对照，而非洲雨林地区给人的印象又与上述二者完全不同。在人们对南美洲遭遇尘埃雨和亚马孙遭到火灾侵袭的记忆中并没有人类的身影。20 世纪 80 年代，我在安第斯山脚下秘鲁境内的亚马孙河畔遇到了很多定居者，但是当时他们的数量并不比印第安人多。在加里曼丹岛“可持续利用”的雨林中，除了伐木工我们也看不到其他人的身影。尽管我们是从人满为患的大都市雅加达来到一个人口密度差不多的省会城市，并从这里开始乘坐直升机参观，情况也是一样的，我们看不到雨林中有什么人。在非洲，情况则大为不同。非洲热带雨林的最东边，也就是肯尼亚维多利亚湖附近的卡卡梅加森林里人声鼎沸。人们沿路而行，有的步行，有的骑着自行车，大包小裹，还带着大大小小的孩子们，仿佛是在列队游行。如前文所述，卢旺达和布隆迪这两个中非小国的人口定居密度是德国的两倍还多，但刚果地区却比德国低得多。约翰·布兰德施泰特（Johann Brandstetter）曾到过这个地区，他对此地的印象完全符合从三个主要热带地区的比较中得出的全球状况。他说：

“当我在飞机着陆过程中向窗外望去时，已经是晚上了。刚果民主共和国的首都金沙萨像是黑暗中一片无尽的灯海。它看起来完全符合一个大城市应该有的样子。但就在飞机在停机坪上着陆之前，我意识到，光亮并不是像通常那样来自街道或房屋，而是成千上万的小篝火照亮了整个城市。”

金沙萨据估算有1200万居民，是世界上最大的城市之一。由于这座城市与有人口定居的郊野地区之间没有明显的界限，因此这只是个估算的数据。驱车进入腹地一小时后，仍然会有一种没有离开这座城市的感觉。小屋紧密相接，而屋后就是森林。街道上人声鼎沸，到处都熙熙攘攘。走了很远喧哗声才逐渐减弱，渐渐消失。每间小屋前都有篝火。

由于这些街区的路边没有正常的电力供应，人们知道如何采取别的手段来自行解决照明问题，他们会从周围的森林中获取柴火。正如我们想象的一样，这是取之不尽的。在这里，任何把刚果民主共和国视作一个不可穿越的“丛林”的人都是大错特错。在金沙萨周围可能从来就没有真正的雨林，这里更多的是湿润的大草原，其间夹杂着越来越稀疏的沿河森林带，那是因为随着城市不断扩张，对木材的需求也不断扩大。在此地北部和东部的数百公里开外才开始出现封闭的雨林。

刚果民主共和国东部的情况甚至更加复杂。除了稳步增长的人口压力，这里还打了一场持续多年的残酷内战，也正是这里有着世界上历史最悠久的自然公园之一：维龙加国家公园。从金沙萨经基桑加尼（Kisangani）到戈马（Goma），经过三个小时极其危险的国内飞行后，我抵达了那里。

它绝对是非洲最美丽的地方之一，当然也是我所见过最美丽的地方之一。在深黑色的熔岩土壤上生长着茂密的绿色植物，华烛麒麟（*Euphorbia candelabrum*）长得几乎像树一般高，好一幅美丽的公园景观画。在较高的山区，它们被稀奇古怪的半边莲（lobelia）和其他山地雨林独有的巨型花草所取代。身处其中，仿佛置身于另一个完全不同的世界。山地雨林的背后，隐约可见像珍珠串一样排列的八座维龙加火山的完美轮廓。其中，层状的尼拉贡戈（Nyiragongo）火山会频繁喷发，不断冒出烟柱。基伍（Kivu）湖位于火山群中心，闪烁着银色的光芒。火山的侧面是最后一批山地大猩猩的家园，继续向东就逐渐过渡到了典型的非洲大草原景观。在这里，我看到了狮子、驴羚（*Kobus leche*）、水牛和数不胜数的河马。在西部，地势下降了近一千米，几乎与海平面齐平。那里有茂密的伊图里（Ituri）森林，是霍加狓和刚果孔雀等稀有动物的家园。

在这里，在一个极小的空间范围内就可以将几乎所有的非洲景观尽收眼底。国家公园的生物多样性也相应地丰富起来，这样的多样性在非洲的其他地方是难以领略的。50多年前，德国动物学家、自然电影制片人、法兰克福动物园园长伯恩哈德·格日梅克（Bernhard Grzimek）成为最早认识到这一地区的重要性并投身于相关保护事业的人之一。

但这个理想天堂正面临着威胁。维龙加国家公园不仅是世界上最美丽和最古老的国家公园之一，同时也是最危险的国家公园之一。一个暴力武装组织正在此处横行。象牙走私和为生产木炭而进行的非法伐木是利润巨大的买卖。木炭的需求量是相当巨大的。以前原始森林覆盖的地方，现在成了焦土。更加令人惶恐不安的是，这一切都发生在维龙加国家公园的中心地带。大猩猩也没有逃过被偷猎的命运。为了能得到一只大猩猩幼崽，偷猎者不惜射杀一整群大猩猩。一只大猩猩幼崽可以带来数百万美元的盈利。为数不多的公园护林员对此往往难以应付，徒呼奈何。枪击事件时有发生。他们深知自己的工作有多危险，但稳定的报酬能让他们得到一定补偿。没有他们，国家公园将完全不复存在。

还有一个危险隐藏在这片大地自身之中。这片土地下有制造手机和游戏机所需的稀有金属钶钽铁的矿藏。矿工像奴隶一般从矿井中开采出矿石，这不仅带来了生态灾难，也带来了人道主义灾难。欧洲的公司一直在背后提供支持，资助刚果武装组织开采钶钽铁矿以及发动战争。至于在那里是谁跟谁打仗，实际上没人搞得清。然而，失败者显而易见：除了总是惨遭这种暴力冲突侵害的妇女和儿童之外，还有遭到无情破坏的大自然。

1989 年，在图西族的种族灭绝事件发生之前，我曾到卢旺达与维龙加国家公园所在的刚果民主共和国之间的基伍边境地区考察。自那之后，那里的自然保护状况就一路恶化了。但幸运的是，刚果地区并不是处处都如此无望。尽管困难重重，另一个毗邻的小国加蓬也在慢慢培养保护自然的意识。但是，即使在加蓬，要贯彻落实有效和可持续的保护措施，仍然有一条漫长而艰难的道路要走。

加蓬也属刚果地区，是巨大的中部非洲森林的西部组成部分。我们从加蓬首都利伯维尔（Libreville）驱车 5 小时，穿越雨林来到兰巴雷内（Lambarene），想要去参观位于奥果韦（Ogoou）河畔的阿尔伯特·史怀哲丛林诊所（Hôpital Albert Schweitzer）。史怀哲于 1913 年在兰巴雷内为麻风病人建立了著名的丛林诊所并独自经营这家诊所一直到 20 世纪 60 年代。在他于 1965 年去世后，丛林诊所被废弃，但在 1981 年又得到重建。我的朋友安德烈亚斯在德国大使馆工作，他驾驶着他的越野车带我一路行驶在颠簸而惊险的道路上。那儿的道路蜿蜒崎岖，穿行于湿漉漉的森林暗影之中。这辆越野车的使馆车牌多次帮助我们顺利通过了不知从哪里突然冒出来的收费栏杆。有配备全自动手枪的人把守在栏杆旁，令人相当不舒服，但当他们认出大使馆的标志时，总是会挥手示意让我们通过。

这条路被轧出一条条很深的印辙，形成巨大的泥坑。只有快速居中行驶通过才能防止车轮打滑，倘若发生侧滑，将会让车深陷在淤泥之中。

每当我们碾过一个小水坑，便会有整群的彩蝶像闪光饰物一样从地面上飞起来。刺耳的蝉鸣声从昏暗的森林内部传出，空气中弥漫着一股浓郁的甜香，远处传来热带雷雨的沉闷隆隆声。

当我们开车经过一个村庄时，目光扫到路边一个简易的木制餐具柜，上面瘫坐着一只色彩斑斓的大猴子。安德烈亚斯停了下来，把车倒了回去，我们下了车。死去的猴子胸部有一道很深的枪伤。我们困惑于它是什么物种，是否可能是一只山魈？但它的脸部色彩明亮，这是一只年轻的雄性山魈，脸部还没有完全变色。山魈只存在于加蓬和中非共和国的封闭森林中，被认为是濒危物种。当我们追踪到枪手时，他的解释是"一群猴子土匪"破坏了他的田地，因此他不得不向它开枪以拯救庄稼。

尽管加蓬希望更多地参与自然保护，并以哥斯达黎加为榜样，开放软性生态旅游，但由于基础设施的缺乏和贫困人口的生活现状，至今仍未获得成功。在中非的森林里，每当你感觉自己处于一片远离文明、人迹未至的森林区域时，这些小型定居点就会意外地沿着有人经过的小路出现在你面前。因为一旦有人在森林中开辟了一条道路，人们就会跟着走过去，于是就有了这样的景象。

这里的人们过着非常朴素的生活，住在瓦楞铁皮屋顶的黏土茅屋里。他们通常在一块非常小的田地里种植木薯，有时也种大蕉（Plantain）。在许多地方，贫瘠的土壤已经开始被侵蚀。为了生存，人们进入森林，砍伐树木获取木柴，这在自然保护区内本来是被禁止的。

每个村庄都会为过客奉上从森林中猎取的所谓丛林肉。这些动物通常被挂在一根棍子上，斜插入一个雨水桶里，这样就可以让人看到它们的全身。为了防止它们在热带气候条件下腐烂，它们经常被扔进火里烧至微焦。穿山甲和较小的羚羊通常被开膛破肚并用叉子叉起来。而关于小猴子的画面着实恐怖，它们通常尾巴被系在脖子上，扔进火里烧，之后像挂在树枝上的手提袋一样被售卖。这让我眼前总是浮现小孩子被烧焦的画面，这一幕在我脑海里挥之不去。

当然，比起其他食物，当地人更喜欢吃丛林肉。而且除此之外，他们几乎别无选择。加蓬的农业用地很少，农作物通常产量也很低。由于气候不合适、疾病流行和缺乏草场，养牛是不可能的。不养猪是因为大多数加蓬人是穆斯林。能养的就只有鸡了。但我们不能把那里瘦小结实的鸡与我们肥美多汁的肉鸡相比。加蓬的鸡只有在经过数小时的烹饪后才能食用。因此，仅靠养鸡不能满足当地居民的蛋白质需求。进口的肉非常昂贵，而打猎则只需花钱买子弹。打猎不仅可以获得肉，还可以获得动物毛皮和羚羊的角，这些都是可以赚钱的物品，售卖给外国人尤其获利颇丰。

当地居民的生活方式对此也有很大影响。人们显然要以森林为生，这是理所当然的事。在这里，每个进入“原始丛林”的人都带着步枪，或者至少带着砍刀，孩子们带着弹弓。人们进入丛林不只是为了打猎，打猎往往只是顺带的。要去邻村的话就要走一条穿过森林的狭窄小路，而在森林中会得到想得到的一切，包括水果、树根、药材和建筑材料。既然已经如此，那么顺带射杀一只瞪羚或猴子又有何不可呢?

除了野生动物大量减少外，这样做还带来了进一步的危险。在森林中潜伏着无数可以传播到人类身上的动物疾病。人们闯入森林的次数越多，就越有可能感染潜在的危险病毒。在与森林拉开距离的地方，人们被感染的风险也会减少。已知的人畜共患病，如艾滋病和埃博拉，还有疟疾、寨卡病毒病和登革热都源自这些森林。当前的新冠病毒再次使我们痛苦地意识到，病原体可以多么迅速地在全球肆虐，使我们的日常生活脱离正轨。

亚洲的马来西亚雨林遭到的破坏则完全不同。在那里，城市化、过度开发珍贵木材以及油棕种植园是首要问题。

早在 1985 年，我就已经开始了对马来西亚半岛的访问。当地森林的原生态与美丽让我震撼。在一次与朋友前往原东海岸的旅行中，我们自西向东穿越了整个国家。当时，只有一条公路从吉隆坡通向丰盛港。这条道路足够惊险：柏油路通向高地，路上到处都是深坑，以致车上的人在长途行驶中脑袋总是会不停地磕到车顶。晚上，水牛在仍旧温热的道路上休息。它们会突然出现在车灯前，需要司机迅速做出反应。对于我这样坐在副驾驶座上已经昏昏欲睡的人来说，这也会引起肾上腺素激增。黎明时分可以听到长臂猿刺耳的叫声。林间小道上不断有圆鼻巨蜥路过，它们看起来并不怕人，还会向我们吐舌头。太阳升起时，雾气在树梢上慢慢消散，给人一种振奋的感觉。当时，整个国家的北部似乎都没有受到人类的影响。

2007 年，我第二次到马来西亚旅行。这个国家在短短几年内的发展让我惊讶不已。吉隆坡已经成为一个拥有数百万人口的现代化大都市，闪烁着银光的石油双塔和吉隆坡电视塔拔地而起，巍然挺立。浪漫的唐人街以及花很少的钱就可以尝到美味菜肴的中式小饭馆已经消失不见了。

然而，当我随后满怀期待地前往马来西亚的北部时，却失望地看到一片荒无人烟的土地。二十多年前，在霹雳州北部起伏的山丘上还镶嵌着各种层次的绿色雨林，现在却只能看到新开发的油棕种植园。放眼望去，它们像巨大的菠萝一样站在那里，均匀地排成一排，仿佛是一支军队。在油棕之间光秃秃的红土中甚至连一点花草都没有。几乎只有在大汉山国家公园和金马仑高原的部分山地上，我才发现了完好无损的雨林。

丛林

丛林有许多副面孔。有时它们毫不掩饰地展示自己，有时一些故事和传说又使得它们蒙上面纱，我们必须将其摘掉才能看清它们的本来面目，就像吉卜林《丛林故事》中的印度热带雨林。书中描述的生活其实发生在数千年来被人类使用和改变的森林中，而不是在原始森林中。但这种说法并不是要贬低这部世界文学名著的吸引力，也不是要去弱化印度森林所散发出的魅力。这片森林中有大象、老虎，以及行动迅速、动作敏捷度惊人的猴子——哈努曼神猴，还有种类繁多的鸟类，其中最华贵、叫声最响亮的是蓝孔雀，正是它们彰显了印度森林的魅力。这个在气候上属于季风带的“丛林”更多的是向我们展示了非常重要的两件事。首先也是最明显的一点是，数量庞大的人类和物种丰富的大自然可以长期友好相处，而且不会导致生物的大规模灭绝。其次，在自然界中，边缘区域一般物种都特别丰富。在印度的森林里，森林和空地密切地融合在一起，而且它们符合次大陆的气候趋势，即南部是潮湿的热带气候，而到了西北部则是干燥甚至沙漠般的气候。

因此，印度丛林中不仅有与非洲刚果雨林中的大象十分相似的印度大象，还有白斑鹿（axisdeer）、大型羚羊甚至与德国野猪关系很近的野猪。这里有蟒蛇和剧毒的眼镜蛇，各种人类最好小心别踩到其尾巴的蜥蜴，以及数量众多、五颜六色的鸟类和美得让人窒息的蝴蝶。由于季风气候具有明显的雨季旱季交替，印度森林也存在我们所熟知的丰收期和匮乏期。同德国一样，降雨和干旱造就了夏天和冬天。

于是这就产生了各种各样的生命活力，这里的人们也知道如何利用它们，并发展出与之相匹配的文化。一个主要特征是他们高度重视自然，秉持一种尊重其他生命的态度，在没有迫切需要的情况下不去杀伤其他生命。在这方面，受印度教和佛教影响的印度传统人生态度与西方文化中的主流人生态度有着本质的区别。印度教徒和佛教徒无法理解“征服地球”这一想法，他们认为这种态度过于傲慢。这听起来起来可能很夸张，但在印度的大部分地区，这种思想在人与动物的相处中显露无疑。在那些地方，老虎被允许生活在人类世界中，花豹甚至可以生活在孟买这个全球大都市中，这一事实所反映的巨大差异令人信服。如果我们能更多地向印度人对待生命多样性的态度靠拢，地球上的物种和生命多样性就不会衰减至此了。

JOHANN BRANDSTETTER
2019

7. 印度的丛林

让我们将注意力回到这幅图画以及其中存在的明显矛盾上。图画两侧的风景并不是很协调。左右两侧的动物不仅仅是被一条小河隔开。事实上，从艺术角度来看，这是在同一个场景中表现动物间关联和物种隔离的绘画手法。图片的右侧实际上表现的是马达加斯加。这个很长的大岛屿位于印度洋上非洲南部以东，离印度很远。但这两个地区曾经是一体。在非洲还是冈瓦纳古大陆的南部中心时，它们都曾经是非洲大陆的一部分。印度从中分离出来，向东北方向漂移，直到与亚洲相撞并抬高了地球上最高的山脉喜马拉雅山脉。在这场漂移中，印度板块先是与马达加斯加分离，而后漂移到一个叫作特提斯（Tethys）的大洋上，而特提斯洋早已不复存在。马达加斯加从非洲分离出来后则受到来自东部各种洋流的冲刷，几乎没有留存下任何在非洲进化的动植物物种，成了一个与世隔绝的独立世界。在南美洲，即冈瓦纳古大陆的西部，也上演着类似的故事。这段厚重的历史在此留下深刻的印记，直到人类从印度和马来西亚地区来到这里。尽管离非洲更近，但是非洲的居民却从未涉足这里，马达加斯加因此变得极其独特。马达加斯加岛屿上生活着原猴（*Prosimian*）、各种各样的变色蜥蜴、特殊的鸟类、像马达加斯加金燕蛾（*Urania ripheu*）这样美丽的蝴蝶[①]，以及一种被称作“马达加斯加之星”的兰花，它的花距是如此之长，以至于查尔斯·达尔文在看到它后推测，一定存在一种有着足够长的长喙的蝴蝶或者是天蛾，才能够吸到花蜜，为这种兰花授粉。

长尾狸猫（*Cryptoprocta ferox*）也叫马岛獴，有着不符合非洲和其他任何地区的猫和猫鼬的特征。这种动物，虽然最大的也只有0.75米长，体重不到10千克，却是马达加斯加“最大”的食肉动物。长尾狸猫的俗名Fossa与“化石”（Fossil）谐音，让人能品出其中一丝苦涩的含义，因为在马达加斯加，最多只有大约2000只长尾狸猫还生活在自然环境中。马达加斯加的自然正以前所未有的速度遭到破坏，因为当地人口正在爆炸性地增长。马达加斯加东北海岸的热带雨林尤其受到影响，因为与该岛南部大片非常干燥的地区相比，该地丰富的降雨为农业提供了更有利的条件。在人与自然相处方面，马达加斯加也和印度形成了鲜明的对比，简直是天差地别。

① 这种蛾类外表像美丽的蝴蝶，一度被划归凤蝶属，后改划归金燕蛾属。——编者注

对热带雨林的破坏是如何开始的

如果说前文的叙述是通过我个人的印象来介绍热带雨林的相关情况，那么接下来让我们从更深层次来探讨热带雨林被破坏的原因及其导致的后果。首先要讨论的是汽车。随着汽车行业的发展，人类开始了对热带雨林的系统性破坏。尽管在汽车时代开启之前，人类就已经开始了对热带雨林大规模且持续的使用，但还没有出现大规模的伐林。这一点已经在前文关于雨林中迁移农业的描述上有所体现。如果我们更仔细地观察东南亚的情况，可以发现随着汽车时代的到来而开始发生的根本变化。但在此之前，让我们按时间顺序简单了解一下汽车的发展。当汽车换上橡胶轮胎行驶以后，它终于大获成功。当时另一种可供选择的交通工具是火车，它采用铁轮，在专门铺设的铁轨上运行。然而它不适合越野使用，只能开到有轨道的地方。不管是汽车还是火车，都需要规划路线，但自从有了橡胶轮胎，汽车就可以开往任何开阔的地方了。它可以在土路上行驶，开辟新的区域。这两种交通工具从一开始就是竞争对手。尽管铁路在载客量和货物运输方面具有各种优势，但实际上汽车才是赢家，而这得益于热带雨林的存在，更确切地说是亚马孙地区的热带雨林，因为这里是“橡胶树”的天然产地。所谓的“橡胶树”是指能产生天然橡胶乳液并凝结成橡胶的树木。最著名和最重要的橡胶树是巴西橡胶树（*Hevea brasiliensis*）。

亚马孙的印第安人知道，割破这种树的树皮就会流出天然橡胶乳液。

将乳液放在火上烤制成球形，硬化后便会成为“橡胶球”，印地安人将之用于球类游戏。这种物质在原始的硬化状态下被称为橡胶，其特殊之处在于，当进一步加热时，它会收缩，而不会像几乎所有材料那样产生膨胀。化学家早已阐释了其中的奥妙。随着温度的升高，橡胶中的大分子会相互更为紧密地结合，这导致它们的整体体积是缩小的，而不是像水或金属一样受热膨胀。现在，即使没有物理和化学方面的专业知识，人们也从自己的经验中知道了摩擦会生热。汽车轮胎中的橡胶在行驶过程中会变热，轮胎因此变得结实。如果事先不知道一些大分子在特殊条件下有这样的反应，就不可能想到橡胶有着这样的特性，更不会利用它。不论是过去还是现在，橡胶都是汽车能够飞速行驶的有力保障。用来玩耍以及制造足球，不过是橡胶的额外用途罢了。不过值得一提的是，它帮助足球取得了突破和全球性的成功。热带雨林的贡献隐藏在这两项震撼世界的发明以及其他许多发明中。

橡胶树在亚马孙地区疯狂生长，尤其是在年降雨量特别大且全年雨量均匀的地方。这种情况主要发生在亚马孙上游地区从安第斯山脉边缘到亚马孙河上游索利蒙伊斯（Solimoes）河和内格罗河的汇合处。在内格罗河较高一侧的河岸边坐落着亚马孙州的首府玛瑙斯（Manaus）。在19世纪和20世纪之交，汽车曾使这个城市变得富有，成为一个国际大都市。宏伟壮丽的歌剧院至今仍然见证着这座城市的辉煌，当时有众多世界级明星在此登台。据说，从前有许多玛瑙斯的贵族把衣服运送到巴黎去清洗，这样可以保证衣物在用船运回来的时候相对干燥亮丽，不会在亚马孙炎热潮湿的气候下腐烂。

仅仅发生在一个多世纪之前的橡胶业大繁荣就是富裕的原因。橡胶采集者，即采胶人群体（Seringueiros），将天然橡胶从亚马孙中部和西部的各个地区运往玛瑙斯，远洋船舶再将其从玛瑙斯运往欧洲和北美。橡胶采集者交易的量越大，汽车就卖得越好，“橡胶大亨”的利润也就越高。亚马孙热带雨林对橡胶采集者来说是一个名副其实的“绿色地狱”，而这些“橡胶大亨”

却沉浸在“绿色地狱”带来的奢侈之中。对于商人来说，亚马孙热带雨林是一个富饶多产的金矿，它远比亚马孙边缘地区那些真正的金矿更有价值。

沃纳·赫尔佐格（Werner Herzog）拍摄的电影《陆上行舟》（*Fitzcarraldo*）准确地描述了橡胶时代的特征，令人印象深刻。电影的故事发生在以伊基托斯（Iquitos）为首府的秘鲁亚马孙丛林地区，这是橡胶生产的中心地区，而伊基托斯是（当时）较大一些的玛瑙斯的姊妹城市。由于玛瑙斯周围地区很快就开发过度，于是寻找可开采的橡胶树的工作不得不一直向西部移，直到抵达特别难以进入的安第斯山麓地区，伊基托斯也因而发挥着越来越重要的作用。但巴西和秘鲁都没有认识到这种迹象代表的含义。橡胶采集者采集橡胶的路变得越来越漫长，橡胶树的产量也越来越低。印第安人经常像奴隶一样被迫割橡胶树和采集天然橡胶，而后死于由欧洲人带来的传染病。对印第安人的剥削变本加厉，许多人被虐待致死。想要满足不断增长的需求，要付出的努力也越来越多。直到有一天，亚马孙的天然橡胶市场突然崩溃，几乎沦落到无足轻重的地步。

1876 年，英国人亨利·威克姆（Henry Wickham）成功地将巴西橡胶树的种子从亚马孙走私到英国。在经历了一些初期的艰难探索后，伦敦的英国皇家植物园邱园（Royal Botanic Gardens，Kew）成功地培育了它们，并于 19 世纪 90 年代在英国印度事务部的支持下，在马来半岛建立了第一批橡胶树种植园。这些树木茁壮成长，生长迅速。从 1905 年起，英国开始向世界市场提供数量迅速增加、质量稳定的天然橡胶。巴西的垄断被打破，亚马孙橡胶的繁荣在几年内就走向了崩溃。

然而，在东南亚，橡胶树种植园不断发展壮大，这也标志着雨林破坏新阶段的开始。这简直就是生物盗版，实在是无耻之尤。大英帝国以傲慢的态度对一切不管不顾，正如其从中国走私茶叶、开启英印的“饮茶时代”一样。然而在橡胶这件事上，令人惊讶的是，巴西、秘鲁甚至拥有大片亚马孙雨林的哥伦比亚都没能建立自己的种植园。如果他们及时做到这一点，东南亚的种植园就不会那么成功，也不会给南美洲带来如此大的经济损失。亚马孙地区不仅是橡胶树的故乡，而且可用于种植的面积也比马来西亚大得多。

然而，显然没有人认真研究过如何种植巴西橡胶树。在今天看来，这种疏忽反映的无非是英国企业家主导的南美式的敷衍了事，然而这种傲慢的观点很可能根本是错误的。因为与马来半岛和印度尼西亚部分地区不同，亚马孙地区的橡胶树并不生长在种植园中，而是大多单独或小片地生长在从安第斯山脉流出的河流附近。它的分布与“白浊水”的流域十分吻合。它比亚马孙地区的许多树种更依赖洪水带来的营养成分。

橡胶树属于大戟科植物。它们的天然橡胶乳液对昆虫和其他动物捕食者来说就是一种驱除剂。天然橡胶乳液的黏性可以粘合树皮上的伤，如由洪水造成的伤口。硬化的天然橡胶乳液，即乳胶，传统上被印第安人用来密封，我们也知道它能防雨防湿。用硫黄进行硫化可以使天然橡胶变成特殊质地的橡胶。如果我们想了解为什么不可能在亚马孙地区建立大型橡胶树种植园来满足世界需求，而在马来半岛和东南亚潮湿热带地区的其他地方却有可能，就必须考虑生态环境的问题。

原因在于土壤。在亚马孙地区，土壤非常贫瘠，以致其他种类的森林树木也不能种植在种植园里，如在印度南部和东南亚深受珍视的热带木材柚木。不论是过去还是现在，巴西橡胶树的存在区域都与亚马孙地区的树木、昆虫以及真菌的多样性有着密切的联系。在对这种树来说十分陌生的东南亚的环境中，不存在任何的天敌和竞争对手。种植园的橡胶树在富含矿物质的优质土壤上茁壮成长，它们生长迅速，能提供大量乳胶。马来西亚雨林是值得开垦的，因为可以换来天然橡胶的热卖。因此，在殖民主义时代引入热带地区的种植园经济首次大规模应用于雨林。在此之前，在常年潮湿的热带地区主要以种植剑麻为主，在亚热带和季风区则种植甘蔗、咖啡和茶。

热带岛屿

南太平洋，只要提一下这个词是不是就会唤起您对人间天堂的幻想？这里有像波拉波拉（Bora Bora）岛、塔希提岛、斐济、汤加和萨摩亚这样声名显赫的岛屿。不仅像高更这样的画家会沉迷于南太平洋的魅力，连科学家和数以百万计的度假者也想象不到有什么比在热带岛屿的海滩上度过一年中最美丽的几个星期更美好的事情了。海滩上，落日余晖为棕榈树镶上金边，空气中弥漫着花朵的芬芳，海水让热带气温不再炎热难耐。在当今时代，它们就是古代的“极乐岛”或浪漫主义的“阿卡狄亚”（Arcadia）的化身。

根据对气候变暖的预测，这些小天堂很快就会消亡，因为海平面将会上升并将它们吞没。因此，对热带岛屿的想象越来越多的是甜蜜与苦涩的交织。这种印象的一部分是有道理的，但往往大部分是没有道理的。面临威胁的大多是略高于海平面的珊瑚岛，而对上述著名岛屿及其他众多岛屿来说，它们是从海底耸立起来的山峰，多为死火山或者是还处于活跃期的活火山，大众旅游带来的威胁远远大过海平面上升。

塞舌尔群岛是一个例外。它们理应占据下图的中心位置。塞舌尔是独一无二的，绝不是任何南太平洋天堂岛屿或与它一样位于印度洋的马尔代夫所能替代的。为什么塞舌尔群岛会具有这样的特殊性质呢？第一眼看到巨龟和迷人的白玄鸥时，人们并不会看出这种特殊性。就算是以艺术家的自由眼光去扫视从塞舌尔到南太平洋上遥远的斐济群岛的全景图中的细节，也难以看出有何特殊之处。左边的背景中有群山，但更重要的是右侧的画面，此处可以看到明显被冲刷成圆形的花岗岩巨石。巴西的花岗岩形状也是如此。“糖面包”这样的花岗岩山使得里约热内卢瓜纳巴拉湾的入海口有了别样的风貌。

这种花岗岩在非洲大陆、马达加斯加和印度的分布情况是鲜为人知的。冈瓦纳花岗岩是冈瓦纳古大陆上特有的岩石，塞舌尔群岛中部正是由这种花岗岩构成。即使很多人会难以想象，但是这的确清楚地表明：花岗岩构成的塞舌尔群岛曾处于中心点，冈瓦纳古大陆东部在此处被撕裂成三块。那是发生在数千万年前中生代时期的事。最小的板块漂移到了原本位置的南部和东部，马达加斯加就是这样产生的，其最北端距离塞舌尔群岛约1000公里。其余部分漂移得更远，形成印度并与亚洲连接起来，在这个过程中形成喜马拉雅山。尽管在随后几百万年的时间里，非洲与这个留存下来的中心点塞舌尔群岛有了1000多公里的距离，但非洲仍然位于它的

Birgus latro
Cocos nucifera
Pandanus multispicatus

Denis Island
Bird Island
North Island
Silhouette
Mahé
Praslin
La Digue
Frégate
Lodoicea maldivica
Aldabrachelys gigantea

西边。因此，塞舌尔群岛是“大陆性”岛屿，而不像斐济岛那样是从海中升起的火山。

因此，塞舌尔群岛是众多极为原始的生命的家园，让我们可以透过时光之窗回望遥远的过去。令人惊讶的是，巨龟并不在其列，尽管它们看起来仿佛是从恐龙时代一路走来。它们常常被看作所谓岛屿物种巨型化的一个例子，与岛屿物种侏儒化相对应。当岛屿上的物种能够缓慢生长并且可以长时间保持休眠状态时，就会出现岛屿物种巨型化。乌龟是这方面最好的例子，因为它们在持续数月不进食，持续数周不饮水的情况下，依旧可以存活。凭借这种能力，它们能挺过情况不好的时期，年龄不断增加，体形往往也变得巨大。岛屿物种侏儒化则主要发生在新陈代谢需要消耗大量食物的哺乳动物身上。在食物长期短缺的情况下，较小的体形比大体形更适合生存。地中海岛屿上曾出现过侏儒象，苏门答腊岛和巴厘岛的“岛虎”比西伯利亚虎的体形小很多。这样的例子比比皆是。

此外，塞舌尔群岛也为我们提供了一个非常不同的视觉体验。塞舌尔群岛上生活着十分独特的鸟类，如深钴蓝色的天堂鹟（paradise flycatcher），雄性天堂鹟的尾羽比孔雀的尾羽还长；以及拥有一袭梦幻美丽、看上去厚重结实的雪白体羽的白玄鸥，它也有钴蓝色的喙。与长尾的鹲鸟（tropicbird）一样，它们也生活在热带海洋的许多岛屿上，和大多数海鸟一样可以满世界遨游。塞舌尔群岛的天堂鹟在印度有近亲物种。其他鸟类来自马达加斯加。许多蜥蜴物种［如上一页图中的多线南蜥（*Mabuya seychellensis*）］和植物物种也是如此。通过它们可以知道，是印度洋的洋流主要决定了哪些物种能到达塞舌尔群岛，而不是距离更近的非洲，因为既没有洋流也没有风可以将那里的动植物带过来。

因此，我们无从得知海椰子（*Lodoicea maldivic*）的祖先来自哪里。它是这片岛屿上最令人印象深刻的植物，果实形状像两个坚果，是整个植物世界中最大和最重的果实。这种棕榈树生长在普拉兰（Praslin）岛一个叫马埃谷地（Vallée de Mai）的山谷里。“真正的”椰子则在全球的热带海滩随处可见。同样令人印象深刻的还有生活在陆地上的最大的螃蟹椰子蟹（*Birgus latro*）。在许多南太平洋岛屿上还可以发现东南亚露兜树属的露兜树。从地质学的角度来看，这些地方还很年轻，起源于火山，虽然布满了各种各样的鸟类物种，但这些鸟类都是在近期才诞生的。哺乳动物方面，生活在这些散布在大海中的岛屿上的主要是以水果为食的狐蝠，这些岛屿通常都很小。在欧洲人和美国人闯入这些岛屿，甚至在这片天堂之境试爆原子弹之前，疾病还与此处完全绝缘。近几个世纪以来，地球上没有哪个地方像这片天堂般的岛屿群一样见证了如此多的物种灭绝。

热带种植业的基础条件

在克里斯托弗·哥伦布“发现”美洲后，全球化的进程就慢慢起步了。西班牙专注于打造“新西班牙”，并在新世界开采金银。但在亚马孙地区寻找“黄金国度”（El Dorado）的行动失败了。弗朗西斯科·德·奥雷利亚纳（Francisco de Orellana）在1541~1542年成为第一个沿亚马孙河从安第斯山脉航行到大西洋入海口的欧洲人。他没有找到传说中的黄金城，但从未放弃找寻黄金的梦想。尽管以卡波克洛人为主的人类逐渐在主要河流和大型支流的沿岸定居，但亚马孙地区在很大程度上并没有受到欧洲人征服美洲的影响。他们几乎没有给这片广阔的森林带来任何改变，而疾病的传入、奴役劳作和被驱逐到深山老林对印第安人的影响更为深刻。对中美洲和南美洲热带地区的殖民剥削主要集中在安第斯山脉和中美洲的山区。那里很早就建立了香蕉种植园，并在海拔较高的地区建起了咖啡种植园。

高贵的可可被认为是（中美洲的）神的饮品，在西非的雨林中它得到了更好的种植，而且相比之下需要投入的劳动量要小得多。与东南亚的橡胶种植类似，由于少有会攻击树木的昆虫和真菌，西非得以大力发展可可种植业，而这在可可树的故乡是不可能的，或者只有在克服巨大困难的情况下才有可能实现。香蕉则恰好相反，它原产新几内亚，但事实证明香蕉在非洲以及特别是在中美洲是高产且最好种植的。当前，我们害怕的事情最终还是无法避免地发生了：从遗传多样性极低的克隆株中生长出来的香蕉树丛遭到一种真菌的侵袭，香蕉在美洲的种植被大规模破坏。新环境的无害化并没有持续很久。种植园中的作物和所有长期种植的单一作物一样，对其他生物有着非常大的吸引力。

一般来说，热带经济作物的种植应考虑到这些方面的因素。同样来自新几内亚的甘蔗在条件适宜的新环境中生长得最好，如加勒比海地区、澳大利亚东北部、毛里求斯和其他一些温度和湿度条件适宜（并且有“廉价”的奴隶劳动力）的地方。畜牧业方面也有类似的情况，但我们暂时还是以经济作物为例，因为最重要的是可以借此更加仔细地观察东南亚的水稻种植。人们会认为东南亚的水稻种植存在着什么特殊之处，才能存在几千年之久，而且有着极高的利用率，甚至因此使东南亚成为人类居住的密集区域。目前，仅算上其热带湿润地区的话，印度尼西亚、菲律宾以及东南亚大陆热带地区就有约 5 亿人口。这相当于与其面积大体一致的亚马孙地区人口的几百倍。就连比其面积更小、同样为热带湿润气候的刚果地区的人口数量也是亚马孙地区的 10 倍还多。这得益于水稻种植，更确切地说是“湿水稻”的种植。为什么这种对人类的直接营养如此重要的植物，数千年来一直在东南亚热带地区和邻近的岛屿世界生长得如此之好？尽管这些地方并不是它的原产地。

水稻与其他类型的“谷类植物”有一个重要的共同特点：它是一种

草。草类与其他植物特别是与树木有许多不同之处。其中最重要的一点是它们“从下往上”快速生长。这意味着生长中心，即所谓的植物生长点位于根部附近，而不是像大多数其他植物如“草药”、灌木和树木那样，生长中心位于（嫩）芽的顶端。当植物被动物啃食时，这种差异就显得特别重要了。在遭到动物啃食时，相比草药和树木，草类的承受能力更强。贮存在草类中的硅酸小晶体会在草类遭到啃食的时候提供保护，使牲畜在“吃草”时牙齿逐渐被损坏。草药和树木中往往贮存着大量的毒素，而只有在极少数的草类中才会有一些毒素。产生结构复杂、富含毒素或能驱除捕食者的成分需要消耗大量的能量，而草类则将这些能量用在实现快速生长上。它们能承受啃食，并能迅速生长回来。这是对它们特点的简要概括。但仅凭这一点还不会使它们作为食物来源特别具有吸引力，尤其是对我们人类来说。我们所利用的不是草和干草，而是它们特殊的种子。这些种子将淀粉（即能量的提供者）和蛋白质（即生长和繁殖所需的植物蛋白）非常合理地组合在了一起。

植物可以直接通过光合作用，以太阳光为能量来源，从水和二氧化碳中产生淀粉。然而，对于蛋白质的合成，氮化合物和矿物质才是特别必要的。这些物质通常是由土壤提供的，除非土壤遭到热带降雨的严重冲刷而变得相对贫瘠，比如亚马孙地区、刚果雨林的大部分区域和加里曼丹岛的部分地区。在热带湿润气候下，地质上较为年轻的火山土壤提供了最有利的条件。在东南亚的许多地区都存在这样的情况。此外，还有沿河的冲积土，尤其是来自山区的冲积土富含矿物质——富含水溶性矿物质，可供植物吸收利用，而不是富含年代久远的砂岩地层中的石英。

尽管这些是水稻种植非常重要的前提条件，但它们并不是唯一的条件。必须在这些基础上补充一个条件，即干湿季节的交替。干湿气候交替的热带地区，尤其是处于季风气候的热带地区天然就拥有这样的条件。

季风气候是“水稻气候”。在山地则可以通过梯田种植的方式仿造这样的气候条件，并根据水稻种植的实际需要加以控制。在这些地方，较高梯田处的水流会在人为控制下层层下流，流向位置最低的梯田，最后流入河中。即使在多雨的气候下，由于坡度大，梯田在水稻成熟时也能基本排干水流。这样就创造了水稻生长所需的干湿季节交替的条件。这也使得昆虫、真菌和病原体远不像在多年生作物中那般容易聚集和传播，干燥期会中断湿循环，反之亦然。

由于没有可以建设梯田的山地，在亚马孙和刚果盆地的广袤土地上无法建造梯田。亚马孙边缘地区地质年份古老的花岗岩山上也并不适合建造梯田。在河谷地区倒是有一定的可能，但是无论如何都不可能提供像梯田种植那么好的条件，因为洪水往往不是持续时间太长，就是来得太晚，而且水量无法控制。因此，这显然证明了，由于拥有连绵不绝的山脉、丰富的降水以及十分适宜的火山土壤这样的自然条件，东南亚比非洲和南美洲这两个主要热带湿润地带更加适合种植水稻。这反映了东南亚水稻种植的早期发展情况并解释了其具有持续生产能力的原因。这也说明了为什么以前不适合种植水稻的东南亚热带雨林可以相对容易地转化为种植经济作物的种植园，并且往往能取得较大的成功。然而，这些经济作物从过去到现在都不是为了直接满足当地或某个区域人口的需要，而是为了所谓的世界贸易，是对热带地区进行的不那么明显的经济剥削。种植园的产品绝大部分流向了欧洲和北美，这在过去（和现在）是一条单行道。这就是种植业与可持续农业的根本区别，可持续农业旨在为当地居民供应产品。

让我们再次回顾一下草类植物作为农作物的特点。到目前为止，不管是大米还是热带地区的玉米，最重要的部分就是由淀粉和蛋白质组成的种粒。要让这些成分的组合能够满足人类对食物的最低需求，土壤就必须足够优质。甘蔗的情况则不同。作为草类，它可以与大米媲美，但却不能作为食物。因为甘蔗的成分是糖，即碳水化合物。我们可以称它为燃料。因此，甘蔗种植园不需要多么优质的土壤，只需要在其成熟前的生长期使其得到尽可能均匀且足够的降水。因此，即使是在无法开辟湿水稻梯田的地方，甘蔗也能茁壮成长。甘蔗能提供糖和糖蜜，两者都有很高的利用价值。在大型种植园广泛种植甘蔗，以及某些地区的甜菜取代它之前，糖曾是一种稀有而珍贵的甜味剂。热带及亚热带的甘蔗种植园助长了垄断，推动了从非洲到美洲的奴隶贸易。

因为我们食用了太多的糖，它早已成为一种过量摄入物，会对我们的健康造成损害。数百万人付出了患上糖尿病和英年早逝的代价，以此作为对种植园里奴隶的苦难生活以及他们成批死亡的补偿。这些奴隶被迫做着将曾经稀有的、十分珍贵的糖变成廉价的、极度危险的大众商品的工作，只是为了让少数人过上富裕的生活。在审视当前的形势时，我们看到的是我们自身依然被困在这个陷阱中。由于甘蔗田在收获后通常

会被烧毁，年降水量的减少和更明显的降水季节性分布就对这种种植业更加有利，对热带雨林的破坏正是朝着这个方向进行的。人们可能会讽刺地补充这倒相当“生态化”，因为事实上，降水的减少正导致植被覆盖区域从森林变为更适合耕种的草地。

这个过程逐渐将橡胶树种植园这样的树木种植园经济越来越深入地推向雨林的中心，同时把雨林边缘的口子越撕越大。这导致了一种负面的自我强化的发展过程，俗称恶性循环。甘蔗的种植为在热带雨林中开发橡胶树种植园做了一个十分见效的开创性示范，这种示范的影响很快也将扩展到油棕种植园。此前没有出现过类似的情况。甘蔗的单一种植表明，原则上来说，在热带湿润地区进行大规模的单一作物种植是完全可行的。现在也已经开始了香蕉的单一种植。

东南亚的岛屿世界

“森林人种”就是红毛猩猩，即当地人所说的第三种类人猿，在加里曼丹岛和苏门答腊岛上（至今还）有两个与其密切相关的物种。它们都是“秋千高手”，这一点与非洲的两种黑猩猩有着明显区别。借助有力的手臂，它们可以抓住树枝，并且能在树枝上活动以寻找成熟的果实，或者给自己在树枝上找一个能在夜里安全入睡的地方。红毛猩猩全身长着红褐色的毛发，只有脸部光滑无毛，在树枝上十分显眼。在其同类之间这一点也是显眼的，但是对于可能使它们陷入危险的天敌来说却并非如此。当地有豹属的苏门答腊虎和云豹属的巽他云豹（*Neofelis diard*），后者会捕猎红毛猩猩幼崽，但是二者都是红绿色盲，而且老虎只能在地面活动。不知何故，在加里曼丹岛没有老虎和豹的身影。凭借其手臂和双手的优势，红毛猩猩早已适应了在热带雨林树枝上的特殊生活，而像它们的祖先一样生活在东南亚热带雨林陆地上的情形早已一去不复返了。目前的情况只是反映出是什么影响了这些类人猿的出现并塑造了它们的能力。我们人类与“森林人种”在基因构成上的差异仅有约 1.8%。

我们有充分的理由来凸出一下红毛猩猩，因为它的身体构造能让我们对自己身体的差异性变化了解得更加充分。我们人类在地上行走，而红毛猩猩在树上摆荡。人类是有意识地抓取，红毛猩猩则是无意识地抓握。它们身上覆盖着皮毛，尽管不是特别浓密，而我们基本上是裸体的。跟与我们身体质量大致相同的红毛猩猩比，我们的大脑重量是其三倍还多。它们的命运掌握在我们手中。它们作为“森林人种”能否存活下去，取决于我们人类如何对待它们的森林。“我们人类”不仅是指苏门答腊岛和加里曼丹岛的印度尼西亚人，也是相当直接地指我们德国人自己，因为我们正在通过进口棕榈油和棕榈油产品推动这些森林走向毁灭。红毛猩猩不仅仅只是一种动物，它是我们人类的近亲，正濒临灭绝。红毛猩猩所居的森林是各种特殊鸟类和昆虫的栖息地，如巨大的双角犀鸟（*Buceros bicornis*）和以引发特洛伊战争的美女海伦命名的凤蝶科的裳凤蝶（*Troides helena*）。一条小飞龙（*Draco volans*）伸展开肋骨并张开前肢，在图中的森林里滑翔，它是展现爬行动物世界多样化的典范。算上尾巴，它的身长也只有 20 多厘米，但滑翔距离可达 30 米，飞行落差只有几米。这种小飞龙是属于飞蜥亚科的蜥蜴，蚂蚁是它的主要食物来源。如果犀鸟能成功阻断这种小蜥蜴的飞行路线，那肯定能抓住它，但犀鸟的飞行却无法那么灵活。在人们的印

Flügelfrucht-Bäume Dipterocarpaceae

Troides helena
Thailand
Panthera tigris
Amur-Tiger : ssp. altaica
Bengal-Tiger : ssp. tigris
Südchinesischer Tiger : ssp. amoyensis
Indochina-Tiger : ssp. corbetti
Sumatra-Tiger : ssp. sumatrae

9. 东南亚岛屿

象里，犀鸟鸟喙上奇怪的附着物使其变得过于沉重。

在森林中生存并不容易，即使在东南亚的雨林中也是如此。苏门答腊虎很少会像其身处动物园的最后一个亚种那样放松地躺平休息。森林中的猪往往会极其谨慎地在森林中结队游荡，为了逮到它们，苏门答腊虎必须整日潜伏。条纹与皮毛为老虎的身体提供了伪装。此外，由于大多数哺乳动物无法区分红色和绿色，因此在它们眼中，森林的绿色就是红褐色。

但东南亚的雨林存在一些不同之处。在这里，有一个树种或者说某几个亲缘关系非常近的树种在很大程度上决定了森林的构成。这种树属于双翅果树，科学上被称作龙脑香科树木。在图的上方可以看到这类树。一眼便能发现，它有一种可以让种子在下落时旋转飞舞的双翅结构。种子随风飞舞，可以飘到很远的地方，这样就不会全部落在母树下，否则它们将不得不等到几十年以后母树倒下，才能获得成长的空间。双翅果树在东南亚地区分布广泛，十分常见。此外，这类树在其他一些地方也有分布，特别是在和亚马孙地区相似、一平方公里的森林面积上生长着数百种不同树木的加里曼丹岛上。有双翅果树的森林相对来说很适合建立树木种植园，如橡胶树和油棕种植园，因为它们需要足够优质的土壤来实现快速生长和高产。因此，双翅果树森林连同其动植物的多样性一起，面临的开垦和毁灭的威胁尤为严重。

橡胶业繁荣之后

正如前文所述，亚马孙地区的橡胶业繁荣在20世纪初就走向了崩溃。但与2008年破裂的“房地产泡沫”不同，橡胶开采只是转移到了东南亚。两次世界大战奠定了这一基调，一方面，战争有力地推动了机械化的发展，橡胶的需求量因此大大增加；另一方面，随着殖民地国家加入战争，新的地缘战略重点得以确立，这迫使德国转而生产合成橡胶。美国汽车制造商亨利·福特曾试图在巴西开辟大面积种植园。巴西人将自己国家中大陆般大小的主体部分称为内陆（interior），该地区虽然位于亚马孙地区的东南边缘，处于向热带湿润气候过渡的地区，但是仍然位于“内部”。即使到了20世纪初，该地区对于巴西人来说还是非常陌生的，这是因为巴西的经济和人口集中在沿海地区。只有印第安人曾生活在内陆，只有在森林遭到破坏之后，他们才会像巴西人一样生活。“*Matar o mato*”，即毁灭森林，在20世纪70年代被巴西当地居民视为理所当然。只有印第安人能以森林为生，但即使是对印第安人来说，这种生活也是糟糕的一面多于舒适的一面。福特试图通过他的大型样板农场“福特之城”（Fordlandia）证明，倘若能够相应地投入资金并采用新技术，尤其是发动机动力，亚马孙地区的广袤森林区域就能够被很好地利用。与他那在汽车领域取得传奇成功的福特T型车不同，福特的理想小镇“福特之城”以失败告终。大自然显然更强大，而且要强大得多。

第二次世界大战后，美国亿万富翁丹尼尔·凯斯·路德维希（Daniel Keith Ludwig）在亚马孙河下游开发的项目也遭遇了同样的情况。他想在那里利用石梓属树木和加勒比松（*Pinus caribae*）大批生产木材，并在当地将其加工成纤维素。对木材的需求陡然上升，是因为大量使用纸张需要耗费大量木材。此外，全世界都有对紧压板和贴面板木材的需求。参与路德维希项目的巴西专家比福特项目中的专家数量多得多，显然这个项目不只是得到了巴西政府的批准那么简单。因此，尽管它远远没有达到预期效果，没能满足全球经济的需要，但是该项目一直在勉强维持。巴西本身并不想承认失败。

相反，在印度南部，连柚木种植园都很兴盛，因此提供了非常优质的热带木材，同时也为老虎、大象和外形像水牛一样的印度大野牛创造了新的栖息地。两次世界大战期间，非洲的经济被远远甩在全球经济的后面。最重要的是，非洲必须为殖民国家提供后备部队，即使非洲人自身很难理解这些国家之间为何会战斗得如此激烈。约瑟夫·康拉德在其举世闻名的小说中将刚果雨林称为“黑暗的心”。正是这片雨林，在刚被人“发现”了不到百年之后，就又回到了广袤的“未知之地”（terra incognita）的状态。

只有当时仍然被殖民国家统治的东南亚，对于热带雨林的开发还在继续。尽管这些殖民国家仍然是经济竞争对手，但他们在第一次世界大战后也已把对方视为朋友和伙伴。随着机械化的进一步发展以及日本在经济和军事上逐步成为世界大国，橡胶的生产需求量大幅增加，热带耐用木材的需求量也同样增加了。毫无疑问，第二次世界大战充分地表明东亚已经崛起为一个新的全球中心，决定世界大势的不再仅仅是曾经的欧洲及其在北美的分支了。

随之增加的还有人口数量。在19世纪，世界人口大量增加。托马斯·马尔萨斯（Thomas Malthus）早在1798年就提出了人口的指数增长理论，他的定量数学思想对在这方面并没有受过特别良好教育的达尔文产生了长久的影响。一个世纪后，事态的发展有力地证实了他的理论。最重要的是，大大改善的卫生生活条件和医疗服务条件使出生率和死亡率之间的差距进一步扩大了，甚至两次世界大战中数百万人的死亡也没能显著或持久地打断人口的指数级增长。

赫伯特·斯宾塞（Herbert Spencer）对马尔萨斯的指数增长思想和达尔文的自然选择观念进行了完美的提炼和总结：适者生存（survival of the fittest）。那些没能在现代的曙光中幸存下来的事物，对社会达尔文主义者来说就是因为其适应性不够。更好的东西必然是好东西的反面，这就是自由而不受约束的资本主义的核心理念，这对雨林造成了巨大的破坏。

在与自然打交道的过程中，资本主义的适者生存原则之所以通行无阻，那是因为自然界从前并没有被赋予反对的权利（当然至今仍然没有，除了所谓当地原住民的特殊情况以外）。为了让新的开端不会再遭到曾经有过的抵抗，战争在经济上摧毁了足够多的东西。然而，随着殖民地陆续获得自由，它们变得更加依赖被委婉称为“本土”的国家。以前的殖民地经济至少有一部分是为了满足“本土”的直接利益，而现在这种约束消失了。毕竟，发展中国家自己也有责任。这为不再与国家捆绑的国际资本打开了大门。于是，对热带世界的大规模开发由此得以启动。

热带木材

桃花心木、柚木、巴劳木和柳桉木虽然是最著名的几种热带珍贵木材，但热带珍贵木材绝不仅仅只有这些。大约有一百个不同种类的热带珍贵木材。这些木材的特点是坚硬，通常带有美丽的深红褐色光泽，最重要的是，其耐久性甚至超过了橡木。使用这些热带木材是因为它们不会受到白蚁的侵袭。由于生产这些珍贵木材的树木一年四季都在生长，所以没有明显的年轮。因此，人们都说热带木材完美地展现了可持续性，因为用它制成的东西可以说是经得起时间考验的。然而，产出这些木材的森林却存在着很大的差异。

首先，珍贵的热带木材来自生长非常缓慢的树木，这是这类木材能够异常坚硬的一个基本前提条件。从德国的树木质地上我们也能了解这一点。柳树、杨树和其他快速生长的树都属于“软木”。坚硬、耐用的木材来自橡树、欧洲鹅耳枥（*Carpinus betulus*）和欧洲白蜡树，或者是针叶树中的（山地）落叶松，而不是来自在低地和低海拔地区的人工林中快速生长的云杉。这种说法看起来自相矛盾，因为在德国，树木在冬天要么停止了生长，要么生长受到了强烈的限制，而在热带地区，树木几乎可以全年不断地生长，因此北方针叶林即泰加林应该由硬木树组成，而热带地区的雨林则由软木树组成似乎才合理。

如果我们只考虑降水和远远高于冰点、符合生长条件的温度，我们就可能会做出这种错误的判断。以这种观点来看，潮湿的热带地区确实是理想之地。但正如前文所叙述的，植物生长需要适量的矿物盐，而在潮湿的热带森林中却普遍缺乏这些物质。这就解释了为什么在同一热带雨林中，比如在亚马孙地区，既有桃花心木又有热带美洲轻木（balsa）这一看似矛盾的现象。桃花心木生长在不被水淹没或只是短期淹没的地区，即前文所述的“永久性陆地”，而热带美洲轻木则生长“瓦尔泽亚”，这类地区经常被水淹没。来自安第斯山脉的洪水为这些地方提供了矿物质，起到了定期补给肥料的作用。相反，在“永久性陆地”上，土壤中的矿物质既会遭到风化，又会遭受大量雨水的冲刷，生活在该地区的树木不得不利用土壤中仅剩的少得可怜的矿物质以及前文所提到的、由信风从非洲经大西洋吹来的矿物尘埃来维持自身的生存。缺乏矿物质使树木生长得非常缓慢，木质会变得坚硬，而树木体内贮存的硅酸盐则使其变得更加坚硬。这种树木不仅能够抵御白蚁的攻击，而且用斧头都几乎不可能将其砍倒。因此，一些这种类型的树木在南美洲被赋予了意为“斧头粉碎机”的西班牙语名称，如红破斧木（quebracho colorado，学名 *Schinopsis lorentzii*），其特点是木质非常坚硬，有红色光泽。

简而言之，这就是200年前英国和荷兰开始向热带地区进行殖民扩张时的情况。不受白蚁侵害的木材尽管硬度大、重量大且难以加工，但很快就

得到了更多的重视。在家具领域出现了殖民主义风格。随着蒸汽轮船运输的发展，沉重的热带木材得以运往欧洲，而且由于其价值不断增加，在经济上也具有了吸引力。稍微富裕一些的人都会用热带木材来制作家具。

19 世纪末开始了第一次对热带木材的大规模开采浪潮。第一次世界大战只是短暂地打断了这种情况，因为殖民帝国依然继续存在，几乎没有变化。殖民帝国的崩溃瓦解始于第二次世界大战。曾经被殖民的国家很快获得了独立，他们对热带硬木的需求远远低于欧洲人和北美人。到了 20 世纪 50 年代和 60 年代，随着全球经济的提振，出口木材又变得有利可图。对这些年轻的独立国家，以及南美洲那些在此之前就已取得主权的国家来说，热带木材需求的上升看起来比几十年前能带来的好处少多了。这是因为对热带森林进行的复杂而烦琐的技术开发已经转由国际公司，主要是欧洲、北美和日本的木材公司负责。当然，这些公司都是为了获取最大的利润。很快人们就看到，这导致了过度开发，导致了大规模的森林破坏，因为珍贵的木材并不像人工林那样紧密地生长在一起，而是多少有些分散生长，甚至经常以独株的形式出现在林区。热带森林所具有的高度生物多样性成为森林开发利用的核心问题。当每平方公里的森林中生长着数百种不同的树木时，有针对性地砍伐单种树木会造成巨大的损耗。

此外，不同的树种通常有非常不同的木材特性。如果大规模砍伐所有的中型和大型树木，就会导致质量参差不齐的木材混合在一起，难以售卖。当时（现在一般也是如此！）更为经济的做法是有选择地选取最优质的木材，并不再干涉因此而遭到破坏的森林。然而，这意味着在可预见的未来几十年树木缓慢生长的过程中，它将失去“木材价值”。随着被开垦的土地转化为其他用途，如养牛的牧场以及近来改造的大豆田，遭到完全砍伐的森林难免会变得更加富有吸引力。最初为保护森林而采取的针对性砍伐，很快就会发展为乱砍滥伐和森林破坏。

值得注意的是，在三大热带雨林区，这种现象以极其不同的方式呈现出来，这是因为土壤条件有差异。东南亚和印度南部在殖民时期就建成了种植园，其中尤为成功的是柚木，以及能提供天然橡胶的亚马孙橡胶树——巴西橡胶树。前文已经提及，英国植物学家和冒险家亨利·威克姆在19世纪末成功地从巴西走私了巴西橡胶树的种子；也已经提到东南亚的森林环境中有较大范围的双翅果树（龙脑香科树木）林区，这一特征在生态学上证明了该地适合建立橡胶树种植园。同样，这里也适合种植橄榄树，而亚马孙的土壤则不适合这些种植园。位于非洲中部的刚果雨林同样不适合或完全不适合建立种植园。因此，与亚马孙地区一样，那里当前正发生着历史上最严重的森林破坏事件。

非洲雨林被国际木材公司青睐的原因有二。首先，每平方公里的非洲雨林有更多的树木，其木材属于热带珍贵木材。其次，位于热带的非洲国家深陷贫穷泥沼，饱受解放运动带来的战争和部落战争的摧残，他们可以通过这种方式快速获得外汇，不需要自己去做任何事情，只要出售现有的资源就行了。非洲人完全没有进一步考虑过雨林可能的或者理想的后续用途。

亚马孙地区的情况则有所不同。开发森林，获取热带珍贵木材，这是当地农业发展的初级阶段。因此，比起单纯的直接低价抛售森林来赚快钱，这其中的利害关系更大。大企业和重要投资者是这一切的幕后推手。如果它们得到了世界银行的预融资或者前期融资，当然就会有很大的吸引力。由于“未被利用的森林”不被认为是当地土著居民的居住地，其实际使用就被归入未利用的范畴，因此，开发这些森林的最好理由就是为了满足当地快速增长的人口所需。人口增长需要生存空间，而这样的空间在巴西的其余大部分地区以及拥有亚马孙雨林的其他国家早就分给了大地主。将过剩的人口驱逐到亚马孙地区，并为敢于进入亚马孙地区的人虚构了一个天堂般的未来，这有点像在内政中打开了一个减压阀。

显而易见，欧洲人和美国人也是先开垦了他们的原始森林，将其变成了耕地，但现在他们却想对热带地区的国家发号施令，要求保持雨林的自然状态。从表面上看，这一说法确实符合某种逻辑。值得再次强调的是，在美国的领土上（不包括1867年才收购的阿拉斯加州），到20世纪初的短短300年间就有超过90%的森林遭到破坏。有观点认为，热带国家目前在森林使用和森林开垦方面的所作所为只不过是其落后于全球化进程的延续。但就像在几乎所有方面所做的比较一样，这方面的比较也是滞后的，而且滞后得特别严重。当地和该区域的居民以几千年来在热带雨林中一贯的方式来利用现有的森林资源，而外来人却为了自己的目的进行大规模开垦，让与此利害相关的当地居民一无所获。这两种森林利用方式存在着很大的区别。这是森林开发，根本不是什么可持续利用。

可持续利用是林业企业和在可持续发展理念下采伐热带木材的公司的共同追求，为的是在国际市场上销售像印度和东南亚的柚木种植园出产的柚木那样优质的木材。这就是解决方案吗？对于热带森林的问题到底能不能有一个"解决方案"？抑或这只是让我们在保护森林储备的行动上迈出许多小步，从而找到更好的方向？有一点倒很清楚："三位一体"——采伐热带木材、种植油棕和种植大豆——是由国际金融市场的大资本家发起的，而不是由拥有热带森林的国家，显然更不是由生活在那里的人们。作为"三位一体"的受益者，欧洲人甚至可以说我们德国人对热带地区现存雨林的未来负有共同的责任。

牛群正在吞噬雨林

20世纪70年代，欧洲迎来了一波发展的浪潮，这对热带雨林产生了严重的影响。欧洲经济共同体的国家福利体系导致粮食、肉类、牛奶和乳制品等的生产超过了需求。此时开始出现谷物和黄油堆积成山、牛奶倾倒成河的事件。“得益于”各种制衡措施所带来的产能的进一步增加，这样的事发生得越来越频繁。圈养畜牧业取代了传统的放牛方式，即在现有常绿林的露天饲养场中放牛。人们利用出清厩肥的设备来清理牲畜的粪便。圈养牲畜数量的增加和动物生产效率的提高使得从海外进口动物饲料变成了一桩回报率极高的事。在德国和与德国接壤的西北欧国家的大部分地区，牲畜数量远远超过了地面所能承担的饲料产量。土地的规整、动物粪便和农用化学品推动农业生产力达到了此前难以想象的高度。盈余部分则进入国际贸易市场，压低了产品的价格。食品似乎变得越来越便宜。之所以说“似乎”，那是因为农业补贴的税费和因对饮用水进行清洁处理而不断增加的相应费用并没有被计算到食品价格当中。处理人造污水的成本愈发高昂，因为经污水处理厂处理后的污水应该要达到饮用水的标准。要达到如此高的净化水平不仅花费巨大，而且在投入成本很大的情况下，改善的程度却很小。在经济学中，这被称为边际收益问题：收益越接近极限，在很小的提升上的投入就越大。利润和支出的差距越来越大。

这种做法越来越显得荒谬，而所有来自畜牧业的废水都被排除在废水处理的范畴之外。与处理人类排泄物形成鲜明对比的是，动物粪便，即粪水被随意地施在农村的田地里，而且被认为有利用价值。用通俗的话说，这意味着牛和猪排泄的粪便虽然臭气熏天，却是好的东西，而人类排泄的却只有不好的东西。有不少人认为人类的排泄物中含有过多的有害物质，尤其是药物残留，但兽药的大量使用证明了这种观点不成立。现在，甚至连蜣螂都不能再以自然的方式分解牧场上的牛粪了，客观来说，那是因为这些牛粪被“化学改变”得太厉害了。数量也没有被考虑到，畜牧业产生的粪便量超过人类排泄物数倍。

指出这一发展情况具有双重的重要意义。一方面，因为欧盟农业中的牲畜数量过多，特别是在欧洲中部和西北部的重点地区，几十年来很大一部分动物饲料欧盟甚至要从海外采购。然而另一方面，这造成了肉类产品的全球竞争压力。潘帕斯草原上的牛群是自由放养的，这种来自阿根廷、乌拉圭和巴西南部的牛产出的一流牛肉却面临欧洲和美国大规模生产所带来的压力。由于美国自身拥有大片的土地，其肉类生产不那么依赖从南美或其他热带及亚热带地区进口的饲料，但欧洲的肉类生产

在全球产生的影响远不止竞争这么简单，它甚至对全球生态也产生着深远的影响，这一点将在后文详细阐明。针对这种日益增长的竞争压力，巴西制定了应对政策，那就是按照以量补价原则扩大自己的肉类生产。养牛业以前主要集中在南部各州，特别是南里奥格兰德州（Rio Grande do Sul）的潘帕斯草原地区，现在已经向亚马孙地区扩展。但与潘帕斯的自然草原不同，被开垦的区域作为草地只能维持短短几年数量充足、质量优越的状态。热带雨林其实并不能被转化为高产的草地。并非所有的草都适合作为牛的食物，尤其是原产南美洲热带地区的草种。非洲的草类中倒是有既能承受热带阳光，又能在贫瘠土壤上生长的草种。

牛群本身也出现了类似的问题。克利罗（Criollo）牛是生活在潘帕斯草原的一种健壮的牛，但它无法很好地适应热带条件，甚至可以说根本无法忍受热带气候。克利罗牛是欧洲牛种在潘帕斯草原上生活几个世纪后演化而来的，那里的气候条件与西班牙以及欧洲南部和西南部其他地区的气候相符或相似。潘帕斯草原的牛是半自然选择的结果，受到南美洲南部亚热带和温带气候条件的强烈影响。简单地说，它们十分适应潘帕斯草原的草地和天气，但却难以适应内部的热带地区。瘤牛（Zebu）是在与印度相似的气候条件下发展起来的家养牛培育品种，它们的出现完美地证明了这种培育思路是正确的。它们身体纤细、背部隆起，比身体圆润、紧凑的克利罗牛以及其他欧洲和北美的高品质培育牛种更能适应热带地区的高温。它们的皮毛稀疏，呈白灰色，与褐牛或黑牛相比，它们吸收的太阳热能更少。瘤牛在巴西被称为Brahmas，被用来开发亚马孙地区。

强调这些牛的情况，不仅有着更深层次的原因，也是为了突出亚马孙地区与非洲和东南亚相比的自然特殊性。南美洲从前没有牛，没有对应生态位的食草动物，因此也没有适合反刍动物放牧的草场。非洲和东南亚则不同，在非洲和东南亚的热带地区，甚至在真正的雨林中，生活着体形巨大的不同种类的牛。在非洲，非洲野水牛是一种体形较小的草原野水牛。在南亚和东南亚，也有更多体形大小不同的水牛，其中被驯化成家畜的水牛对人类有着特别重要的意义。当地相应地生长着草地和灌木丛，可以相对较好地为牛和其他反刍动物提供食物。与非洲和东南亚的雨林相邻的是物种极其丰富、拥有各种各样反刍动物的热带稀树草原，包括从兔子大小的小羚羊到瞪羚、大羚羊以及强壮的水牛。在非洲，这些反刍动物大多生活在东非和非洲东南部的草地上，这些地方位于洪水频发的平原，其土壤来自火山岩。相反，南亚和东南亚的反刍动物则一般生活在森林和沼泽地区。

这一概览对20世纪70年代以来亚马孙地区自然条件的发展状况做出了解释。被开垦的森林地区呈现了一个完全不同的“自然”，由异国的草类植物和同样来自异国的食草动物——牛构成。在潘帕斯草原，至少是草地是天然的，也天然会被由南美洲的小骆驼进化而来的“自制品”——大羊驼（guanaco）占据，其家畜后代以美洲驼和羊驼为我们所熟知。在它们位于南美洲南部的主要非热带分布区，它们在欧洲人定居的过程中被绵羊取代。在亚马孙地区，没有动物天生就能够组成小团队甚至是成群地在人造草原上吃草。亚洲动物只有在一个总体面积非常小的地区，才能在不会对大自然造成重大改变的情况下成功定居下来，如生活在亚马孙河三角洲巨大的马拉若（Marajó）岛上的水牛。然而，尽管亚马孙流域的洪水会定期带来含有天然营养物质的肥料，但水牛的产量仍然极低。它们未曾像在南亚和东南亚那样受到重视，甚至还不及我们中欧地区对景观保护的重视程度。原因很简单，因为大自然的生产能力极低，即使以很节俭的方式喂养水牛，也无法提高其产量。

被赶进亚马孙森林地区的牛群所处的牧场的条件甚至更加极端。在被开垦的区域，不可能按照欧洲或北美的标准进行计算。为了使企业能够获得足够的利润，每头牛的放牧面积一般来说必须比非洲干旱地区的放牧面积高出几倍，也就是要高出欧洲标准许多倍。只为了能有地方养几千头牛，就要建起一个城区那么大的养牛场。像德国奶牛养殖基地那样的牛群密度是根本不可能达到的。养牛业必须拥有足够的场地才能获得利润。要达到一定的规模就需要有国际资金的投入。倘若没有国际资金的支持，亚马孙地区的牛肉生产将没有任何利润可谈。

在此期间，尽管欧盟提供了高额补贴，但肉类生产的压力仍然很大。由于大规模的畜牧业使得肉类的价格越来越低，这一压力也变得越来越大。欧盟向中东和东欧的扩张增加了更多的农业用地，使其受益于补贴政策。这已经产生了一种显而易见的“生态”的反作用，即饲料生产活动转移和扩张到热带－亚热带气候的南美洲和东南亚。从全球来看，牛开始吞噬热带雨林。第一步，尤其是在南美洲，当地的牛群会在开垦过的林区吃草，紧接着的第二步就是种植大豆和油棕这两种主要经济作物。这种牛的肉质并不完全符合巴西南部居民的预期，与他们的认知不一样。据说德裔巴西人把瘤牛的肉当作“硬邦邦的磨牙棒”，觉得它更像是狗食。可能绝大部分瘤牛肉真的被用于全球宠物食品生产吧。据说，德国狗粮和猫粮的肉类需求量大致相当于法国人的肉类需求量。

无论如何，到了千年之交，巴西的牛群数量不仅追赶上甚至超过了印度。然而，两者间的巨大区别是，印度的神牛在很大程度上是自给自足的，并不需要为了得到它们的肉而为它们开垦成千上万平方公里的森林。然而，这两个大型牛群都向大气中排放了大量的甲烷。甲烷被看作导致全球变暖的重要因素，这是因为作为一种“温室气体”，每千克甲烷排放所产生的影响几乎是二氧化碳的30倍。除此以外，还有同样来自农业、被称作笑气的氮化合物一氧化二氮，它在大气层的温室效应中所占的份额并不比总是被强调的二氧化碳小。

随着进一步开发已开垦的热带森林地区并种植大豆，这已不是简单地改变利用形式，而是产生了一个拥有高增长率的新因素。由于价格可观，为生产动物饲料而开垦雨林早就变得更具吸引力了。

比起为当地和区域人口生产粮食，生产动物饲料显然获利更多，其结果就是造成了与人口粮食的竞争。第三世界的饥荒问题反映出第一世界的畜牧业状况。如果巴西人口能从开垦的大片土地上种植的豆类及其制品中获益，那么就不应该存在饥荒，甚至不会出现人口短缺问题。雨林地区不应该再被开垦，因为所有的土地已经足够用来养活大约2.1亿的巴西人。非洲和东南亚基本上也是同样的情况。很大一部分人口之所以会遭受饥饿和粮食匮乏的痛苦，就是因为生产的农产品主要是为了出口到全球市场。几十年来，人们一直清楚，全世界的种植面积足以让每个人都有足够的食物，数百万人的饥饿问题主要是一个“分配问题”。然而，分配不仅指的是运输问题，更重要的是土地使用的收益分配。我们的牲畜造成了世界上的饥荒。为什么会这样？如果我们更加深入地研究大豆就能找到答案。

大豆的成功推广

大豆，学名 *Glycine max*[①]，是满足人类营养需求方面最重要的经济作物之一。虽然从产量来看，它并没有排在前列，领先的是小麦、玉米和水稻，但就植物蛋白含量而言，它在所有大规模种植的经济作物中居于首位。大豆的西方名字在英语和德语中发音相同，来自日语中用于调味的酱油（shōyu）。在日本，大豆蛋白尤其占据了人们赖以生存的蛋白质的很大一部分。日本最著名的大豆加工形式是豆腐。

大豆也来自日本。1691~1692 年，恩格尔伯特・肯普费（Engelbert Kaempfer）在日本发现了大豆，并向西方世界昭告了这一发现。但直到近半个世纪后，西方的植物园才开始种植这种植物，然而没有取得很大成功。后来，大豆在美国的种植开始逐渐形成规模。20 世纪初，随着高产品种的出现以及大豆在压榨豆油方面的应用，大豆种植取得了巨大的成果，并最终在全球迎来推广。种子含油量高也是这种植物的特点之一。在北美和欧洲的厨房里，大豆油的使用越来越广泛。

随着世界人口的爆炸式增长以及第二次世界大战后威胁到数百万人

---

① 大豆属的名称 Glycine 本意是“尝起来很甜”。美国植物学家埃尔默・D. 美林（Elmer D. Merrill）在 1938 年将最初由卡尔・冯・林奈（Carl von Linné）作为扁豆引入的豆类改名为大豆，这个来自日本的名称流传了下来。公元前 3000 年左右，日本已经开始种植和使用大豆。未煮熟的大豆会有毒性，加热则可以破坏有毒物质。压榨出油后剩余的豆粕几乎全部被用作动物饲料。——原注

生命的饥荒的爆发，大豆因其37%的超高蛋白质含量而开始受到大量关注。因为就质量组成即各种氨基酸的含量而言，大豆蛋白与肉类蛋白相当。因此，从全球范围来看人类的营养吸收问题时，必须强调这一点，即大豆蛋白的生产远远超过了动物蛋白，从每公顷的蛋白质千克产量来看是如此，从所谓食物链的效率来看也是如此。还有一部分原因是，在肉类生产中，平均只有10%至20%的食物消耗在“产生肉”上面，其余的大部分都直接通过动物的新陈代谢流失掉了。因此，肉类行业试图通过尽可能地限制用饲料喂养的动物活动，来提高饲料产生作用的效率。当然，这就站在了动物福利的反面。

在这里我们不再深究这一问题，因为我们讨论的是大豆对热带森林的影响。然而必须强调的是，一般来说，在食用食物的各个中间步骤中，大约90%的营养成分和能量都会“流失”，这是一个自然法则，是生态学的一个基本原则。在较长的食物链中，位于食物链顶端的动物也因此天生就很少。很久以前人类也是如此。只要人类还作为狩猎者和采集者过着四处游牧的生活，或者那些在我们当今时代已极为少见的族群仍以这种方式生活，情况就不会改变。

这一偏离主题的探讨有利于我们进一步理解大豆生产的问题。这是因为大豆的生长也同样涉及其他一些生态学上的基本原则。大豆通过与特殊的细菌互利共生来产生大量的蛋白质，这种根瘤细菌来自植物根上增生的根瘤，学名为大豆根瘤菌（*Bradyrhizobium japonicum*），可以从空气中吸收氮气，并通过化学反应与之结合。由此，大豆植物利用几乎取之不尽、用之不竭的大气氮贮存库来生长，并生产蛋白质，不依赖于土壤中以化合物形式存在的所必需的氮的数量。不过，当土壤中的氮化合物含量通过精耕细作被耗尽时，一般情况下也必须要重新施肥。1927年由巴斯夫公司（BASF）推出的狮马牌复合肥（Nitrophoska）被奉为

“经典”，在这种矿物质肥料中，氮（以铵盐的形式）占据了很高的比例。农作物产量被这种化肥提升到一个新的高度，达到了以前只有在特别有利的土壤条件下才有可能达到的水平。大豆植物与大豆根瘤菌的互利共生为其生长免费提供了化肥中十分昂贵的氮，这使得大豆以及其他的荚豆类（豆类）植物在农业上具有很高的价值。

从另一组基本的生态关系可以看出它有着多么重要的意义。在描述各个热带森林大区域的特征时，一般都会涉及土壤中营养物质（营养盐）的可用性。然而，这不是简单的绝对数值问题，而是植物所需的营养盐之间的比例问题。“利比希最小因子定律”指出，当一种物质相对于其他物质而言在可利用量方面处于最低水平，就会限制生产的水平。植物生长所需的三种主要元素分别是碳、氮和磷，它们的比例是100：16：1。植物从空气中的二氧化碳里获得碳（并相应地释放出氧气）。绝大多数植物都必须从土壤里的氮化合物（尤其是硝酸盐）中获取氮。然而，这些物质都易溶于水，所在地区的降雨量越大，它们被冲刷的问题就越严重。土壤中的磷酸盐也具有水溶性，但在许多地区，它们是通过岩石风化释放出来的。如果当地有相应的基岩，那磷酸盐一定会增加。许多农作物都缺乏磷酸盐。大豆的优势就是能够从空气中获得氮气。

这里就要直接提及热带雨林。雨林中的土壤持续处于大量雨水的浸泡中，除了小面积有着火山土壤的地区外，大部分地区都缺乏植物营养成分。由于降雨量大，所以水量充足。空气中的二氧化碳也很充足，每一天都有大量的阳光和热量，一切都绰绰有余。因此，只有那些一个劲儿“疯狂生长”，很少费力生产营养丰富的种子或果实的植物，才能生长良好，比如甘蔗或提供天然橡胶的橡胶树。糖、淀粉、胶乳以及其他许多化学成分复杂的植物物质是通过光合作用直接产生的。它们是所谓的碳氢化合物，也是石油的组成成分。与石油一样，它们是“能量载体”，而不是“蛋白质载体”。

大豆则不同，它含有丰富的蛋白质。小麦也是如此，只不过蛋白质含量少了很多，这是因为小麦粒的蛋白质（麸质蛋白）含量比大豆少三分之一。小麦需要良好的土壤，为了保证小麦持续高产还需要施肥，大豆对肥料的需求要少得多，这就产生了很大的区别。这也解释了为什么热带和亚热带地区的大豆种植在过去一百年中急剧增加。在第一次世界大战和第二次世界大战之间的短暂时间内，美国以南部各州为主的大豆种植面积从不到80万公顷增加到超过420万公顷，增加至原本的5倍多。19世纪末，种植面积还微不足道。然而目前，约有1.25亿公顷土地种植了大豆，年产量为3.5亿吨，大豆因此成为世界上最重要的经济作物之一。

大豆的成功故事是无法复制的。这类豆子的种植范围还逐步扩展到气候温和的非热带地区。德国（年产量约6万吨）和奥地利（年产量18.5万吨）的情况也是如此。但与以美国为首的种植大国相比，这些产量不值一提，美国的年产量接近1.25亿吨，巴西为1.2亿吨。美国也凭借大豆进入欧盟市场。不过如果是转基因大豆，那就仍然存在障碍。

当然，在这方面可以介绍的情况还有很多，不过对本书而言重要的是讨论它与热带森林的联系以及豆制品的使用方式。正如前文中所描述的，大豆绝不是只有在热带潮湿地区才能大规模种植并获得高产。事实上，像阿根廷、中国、（至少是大部分）印度和巴拉圭，以及加拿大、乌克兰、俄罗斯和玻利维亚这样的非热带国家的大豆产量也紧随美国和巴西挤进了大豆生产国的前十名。热带森林受到大豆生产影响的情况主要发生在巴西。大豆被用于出口，巴西本国只使用了大豆产量的40%，60%则用于出口，特别是出口到欧洲和中国。这种趋势正在上升。

在欧洲，进口大豆主要在大规模畜牧业部门用作饲料，这些国家的国内生产无法满足其需求。我们进口大豆并不是因为我们饱受饥饿的折磨，也不是因为我们缺乏蛋白质，而是因为我们喂养着大批的牲畜。为了在它们身上获取廉价的肉，我们破坏南美洲和其他热带地区的热带雨林并在这些地区种植大豆的情况越来越普遍。世界上数以百万计的人正面临着蛋白质供应不足的问题，但这并不是我们要种植大豆并破坏雨林的原因，我们种植大豆是为了高度工业化的肉类生产和牛奶生产。这些生产需要进口动物饲料，因为这项需求远非我们农田自身的生产力所能满足。

自 21 世纪以来，为了生产“绿色能源”，在我们的农田上越来越多地种植“生物量”甚至成了一项政治目标。就玉米而言，仅在德国就占了约 100 万公顷。这一制度产生的影响与 19 世纪剥削那些被奴役国家的殖民主义相似。现如今它仍偷梁换柱地以另一种方式悄然存在于肉类工业的饲料进口中，对大自然的破坏更大。

以我们必须与“世界饥饿”问题作斗争为幌子，来为利益巨大的出口找借口，这才是真实情况。如果目标真的是更好地为第三世界提供粮食，那么欧洲的农业将不得不回到利用自身资源的道路上，把热带国家的土地留下来满足当地居民的个人需求。要是全球种植的用于出口的大豆能够直接摆上人们餐桌的话，就不会再有饥荒和因营养不足而生病的问题了。牲畜存栏量将大大减少，更能适应大片土地的自然容量。这对实现维护当今世界气候现状的目标大有益处。而且，就算不能完全取消，这也肯定会大大限制上百万人对肉类的消费欲望。在饥饿问题最严重、社会条件最难满足人们基本需求的地方，不会有热带雨林。在全球范围内，存在上述问题的地区基本上都位于那些适合种植大豆的区域，那里也适合常年种植其他经济作物。出于种种原因，前几代人即便实行迁移农业，但也几乎没有触及热带森林的根本。正是大面积耕种使他们陷入贫困，使数百万人处于饥饿当中。如果不把大豆喂给富裕国家的牲畜，而是直接供给农村以及大城市贫民窟中的贫困人口，那么大豆将是解决上述问题的一种有效办法。德国肉类市场上的每一块“廉价肉”都制造了饥饿和痛苦，并且让受其影响的人自己也愈发无法抑制购买这些最廉价商品的冲动。

如果我们已经意识到，像现在这样吃这么多肉类会危及我们的健康，我们就不应该过量生产肉类，使其成为世界市场上有竞争力的商品，而是最多只从潘帕斯草原这种地方进口肉类以满足真正的额外需要。但正在发生的事情恰恰相反。以劣质品价格生产的肉类在继续获取巨额公共税收补贴，赞同农业补贴政策并让其继续存在的人标榜自己是道德领袖，更加大声地为世界上的贫困和饥饿问题而哀叹。对于进行大豆交易的人来说——大豆价值连城。

“绿色能源”简史

早在20世纪60年代末，巴西就开始利用甘蔗生产生物乙醇，原因是尽管这个大国拥有许多资源，却没有石油，工业和运输都依赖进口石油。其他大多数热带国家也是如此。工业上的能源需求倒是可以通过水力发电来满足，因为巴西河网流量占地球上流动水量的四分之一以上。但是，电动汽车是不现实的，至少在当时不现实，因为在这个幅员辽阔的国家，行驶路程一般都太远，而电动汽车能行驶的距离太短。因此，巴西以乙醇为主要燃料。尽管汽车的保有量迅速上升，但大面积的甘蔗种植园在最初还是能够满足其需求。耕种区基本上处于亚马孙雨林之外。

但是，另一片物种极为丰富的雨林，即大西洋沿岸森林（Atlantic Forest）则由于当时的经济发展而日益萎缩。这片森林从里约以北的山脉一直延伸到巴西南部的环热带和亚热带地区，绵延两千多公里。在20世纪70年代和80年代，这片森林大约有80%的地方遭到开垦。深耕细作的耕地间，只剩下部分残余的雨林像大海中的一个个孤岛般被相互割离。在雨林遭遇破坏的初始阶段，决定性因素之一是这片森林靠近巴西东海岸的人口中心，巴西的经济中心圣保罗、里约热内卢以及更南部的库里提巴（Curtiba）和阿雷格里港（Porto Alegre）等大城市均位于这里。巴西大约一半的人口集中在这个沿海地带，大西洋沿岸森林的压力也就相应增加了。

然而，德国大众集团在巴西的子公司巴西大众在20世纪60年代（仍然）投入资金到畜牧业，并在巴西腹地收购了大型庄园用于生产牛肉。由于亚马孙地区对当时的军政府来说实在太过遥远，军政府担忧外国势力会涉足该地，造成威胁，因此宣布将亚马孙的中心玛瑙斯设为自由贸易区，并开始修建一条横贯亚马孙的大型公路。这条跨亚马孙高速公路从一开始就存在很大的争议，但由于它主要是由国际资本建造的，所以“从哪儿通向哪儿”并不重要。它存在的目的是开发亚马孙地区以巩固领土主权，以及开采石油，如在位于玻利维亚东部及厄瓜多尔的亚马孙西部边缘地区发现的石油。

然而，生产生物乙醇的种植园并没有扩张到亚马孙地区，因为土壤质量太差，运输路线太长。在当时的巴西政府的大力鼓励下，一些无地游民沿着新的道路定居下来，开始对周边的森林进行开垦。类似的事情在秘鲁和哥伦比亚的亚马孙地区也有发生。同时，经济收益越来越依赖于矿产资源。巴西有着世界上最大的铁矿和巨大的铝土矿开采区，铝是飞机制造业的主要原材料。

东南亚地区则不同。随着棕榈油被更广泛地用作“生物材料”，在全球的需求量大幅增加，油棕种植园开始遍布东南亚地区。下一章将会对此进行更为详尽的讨论。不论是在发展的初始阶段，还是在世纪之交的快速增长，种植园的情况基本都没有被国际和各个国家的环境和自然保护组织注意到。原因自然是五花八门的，然而其中重要的一条肯定与美国输掉越南战争、中国崛起成为影响东南亚的大国带来的政治博弈有

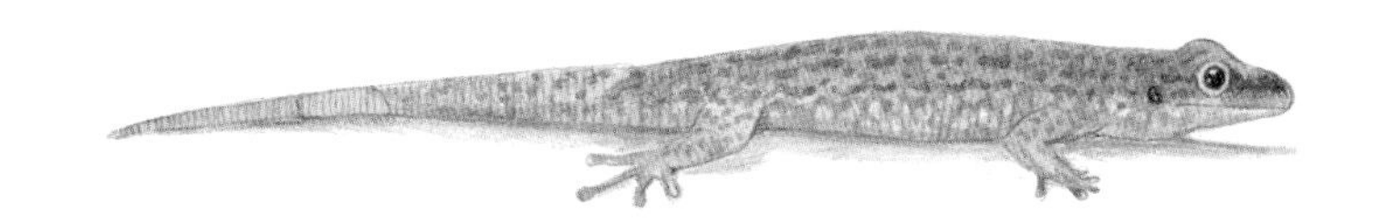

关。失去印度尼西亚政府的同情在政治上是不合适的。反对破坏热带雨林的行动集中在南美洲，特别是在巴西，1992 年在巴西举行的“里约地球峰会”本应带来对热带雨林进行全面保护的转折。

然而，当时“通过”的《里约环境与发展宣言》(Rio Declaration on Environment and Denelopment) 最终被证明是一纸空文。尽管《里约宣言》是在德国的倡议下诞生的，而且德国曾说自己要遵守宣言，努力去树立人们常说的“先锋”榜样，但这一说法很快就失去了它的意义。显然人们不想再说什么“马与骑手”①。众所周知，所谓的榜样作用往往是越执着坚持，事情就办得越糟，也越发引起人们的怀疑。

与其声称的榜样力量相反，德国完全无视了《里约宣言》，甚至大规模增加棕榈油进口和大量使用大豆作为圈养牲畜的精饲料，成为破坏雨林的主要推动者之一。能源转型使得德国对雨林的破坏变本加厉。当今仍被视为“绿色能源”的东西被人们吹捧上天，实际上却往往是破坏地球大气层和生物多样性的罪魁祸首之一。德国的能源转型正在对气候和生物多样性造成自新千年开始以来波及范围最广的负面影响。

为了让新兴国家和第三世界“搭上船”，人们从一开始就容忍了这个主要的错误。作为全球变化的肇事者之一，这些国家的所作所为被简单地排除在外，甚至工业化国家在热带和亚热带地区使用资源的影响也与它们脱钩。德国在南美洲圈养牲畜，以及德国汽车使用来自东南亚的生物柴油，并不会对德国本身造成什么影响，因为热带森林的开垦不是发生在德国，而是发生在遥远的热带世界。在热带世界中，这种行为被认为是对可再生资源的一种利用。

这个简单的政治伎俩一下子就将《里约宣言》变成了一张废纸，但

---

① 一句德国俗语，指清楚地说明所谈论的人物或事件。此处指德国不再大张旗鼓地宣扬自己的先锋榜样形象，开始对《里约宣言》含糊其词。

BORNEO

Borneo bildet das Zentrum des nach Amazonien größten, aber in viele Inseln zergliederten südostasiatischen Regenwaldes. Um 1950 war es noch weitgehend von tropischem Regenwald bedeckt. In diesem lebten indigene Völker mit besonderen Kulturen zusammen mit dem zweitgrößten Menschenaffen, den Orangutan. Wald-Mensch bedeutet sein Name, und wie die Menschen die Borneos Wälder seit Jahrtausenden bewohnten, ist seine weitere Existenz aufs Höchste bedroht. Denn für Palmölplantagen wird der Wald vernichtet und mit ihm verschwindet eine Fülle besonderer Arten von Tieren und Pflanzen, die es nirgends sonst gibt. Das Sumatra-Nashorn, einst über weite Teile Südostasiens verbreitet, ist auf Borneo im Aussterben begriffen. Diese große Insel war von Menschen immer nur dünn besiedelt, denn ihre Böden sind wenig fruchtbar. Mit dem Import von Palmöl vernichten auch wir tropische Regenwälder.

1950

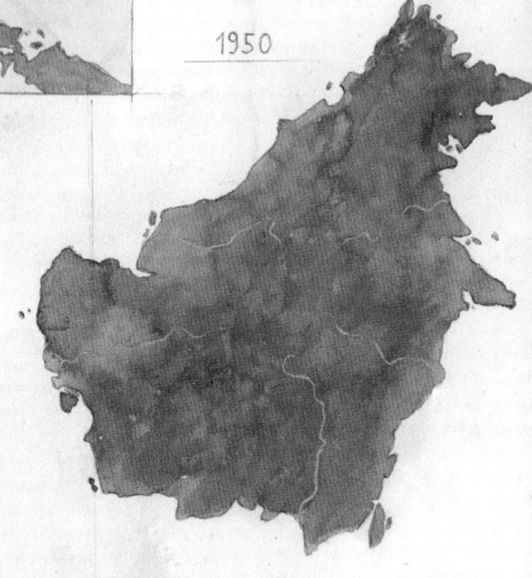

2000

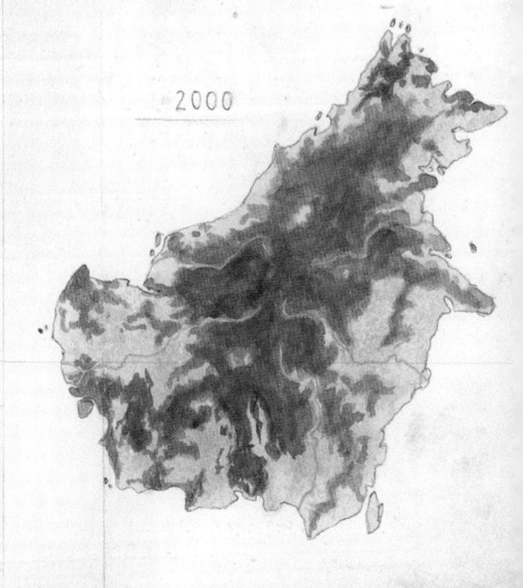

c) 过度开垦——加里曼丹岛

世界却被明显地分成了（对全球环境来说）坏的北方和好的南方。因此，非热带的南美、非洲和澳大利亚等地理上的南方，自然被算作北方的支脉。

按照这种结构，热带地区的雨林不管是过去还是现在都是难以被拯救的。但事实恰恰相反。能源转型对雨林而言是一个不祥之兆。绿党政客们喜欢抱怨巴西总统在推动亚马孙地区的进一步开发。然而，他们却并没有追问，为什么要开发热带雨林以及产品的买家是谁。2019 年南半球冬季时，巴西出现了燃烧面积前所未有的火灾，当时的德国总理为森林再造提供了一笔“援助资金”，就好像这些火灾是由于粗心大意而偶然发生，并没有产生利润似的。更不用说在原本没有森林的地方造林还涉及别的问题。

政治反应毫不含糊地昭示了基本的漏洞。这些漏洞本就不应该被补上，否则会造成其他后果：不再有巴西的大豆，不再有东南亚的生物燃料。农业政策的这种变化对美国来说非常有利，美国多年来一直主张德国（和欧盟）应该更多地进口美国生产的大豆，亚马孙地区的大火恰好满足了这一目标。巴西大豆也是转基因的。政治上表现出的忧心忡忡不过是一场闹剧，仅此而已。

棕榈油的致命影响

大豆之外，棕榈油也是热带森林的主要破坏者，这一点鲜为人知。“拯救雨林协会”在倡议中将这一问题称为“雨林之死”。这是夸大其词吗？完全不是！事实上，油棕种植园对雨林造成的严重影响长期以来一直被低估，这也是因为大型油棕及其巨大的叶片在“谷歌地球”这类软件的卫星图像中给人以大片“森林”的印象。种植油棕造成的视觉差异，并不像种植大豆或因放牧而开垦林区那么大。

从统计年鉴中，我们可以看到“拯救雨林协会”如何使用相关信息。这些信息又涉及了哪些方面。仅 2018 年，欧盟进口棕榈油就达 760 万吨，其中一半以上约 400 万吨最终成为汽车油箱中的生物柴油；260 万吨被用于食品生产、动物饲料生产以及工业领域；剩下的 100 万吨被转化为发电厂的电力或热能。棕榈油存在于比萨、饼干、人造黄油、肥皂、化妆品等产品中。实际上，它已经在不经意间占据了我们生活的方方面面。

大豆是为生产牲畜饲料而进口的，并主要用于大规模生产肉类。与此不同，棕榈油不能被如此明确地进行分类。我们所有人都要用它。不过，在欧盟内部则有所不同。“得益于”2009 年通过的“可再生能源方针”，近 45 万吨棕榈油和棕榈仁油最终进入德国的机动车油箱。这与利用可再生能源的意义背道而驰，因为这种石油的替代产品反而破坏了热带森林，因此向大气层排放的二氧化碳比所节约的更多。它看上去改善了德国的气候负债情况，因为生产和相关后果带来的损害以及到欧洲的运输成本被算在了原产地头上，这是一种外化的气候负债。

包括科学家，环保人士和致力于为因森林被转化为油棕种植园而失去天然家园、只能生活在大城市贫民窟的土著居民发声的人权卫士在内的很多人都试图推翻这一从根本上就是错误的政治决定，却徒劳无功。2018 年 6 月 14 日，欧盟将棕榈油作为生物能源的使用许可时间延长至 2030 年。本来在 2021 年时棕榈油就不应该再被归入“生物燃料”的范畴，这是雨林失去的十年，而对于布鲁塞尔那些鼓吹在农业中使用生物燃料的说客们来说是一个巨大胜利。我们甚至不能通过抵制购买来与之抗衡，因为棕榈油十分分散、遍及各地，而且作为生物燃料添加剂，无法将进口棕榈油与我们自己生产的棕榈油区分开来。因此，绝大多数使用柴油发动机的司机都单纯地认为，使用混合燃料将有利于环境。事实上，它对气候的破坏比不使用这种添加剂的柴油更大。

棕榈油主要产于东南亚的环热带和热带地区，但非洲的油棕也种植得越来越多。目前有近 3000 万公顷的土地被油棕种植园所占据，而这些地区都是广阔、人口密集，且居民需要直接获得土地种植粮食的地方。这些种植园每年生产超过 6600 万吨的棕榈油，棕榈油也由此成为生产最广泛的植物油。除了与菜籽油存在竞争外，棕榈油也与椰子油和其他类型的植物油产生竞争。棕榈油的主要生产国早已不再是最贫穷的国家，而被视为新兴经济体。“我们要大规模进口此类产品以支持这些地区必要的发展”这种理由已经非常值得怀疑。实际上情况恰恰相反，真正从中获利的往往是少数的国际公司，而不是当地的贫穷居民，作为他们生活资源的森林惨遭掠夺。人们将全球气候的现实负担归咎于他们，而实际上我们这些棕榈油使用者才是罪魁祸首。

油棕种植园的扩张也对生物多样性产生了灾难性的影响。在为建立种植园而开垦热带森林的地方，生物多样性受到影响的现象也极为明显。东南亚热带岛屿世界的生物多样性极为丰富，与位于中美洲热带地区的亚马孙地区相似。热带非洲的生物多样性只能达到前者的五分之一，不过这并不代表它不重要，因为这里有着与南美洲和东南亚完全不同的热带动植物物种。

油棕很好养活。在其他经济作物只能达到中等或微薄产量的土壤上，它们依旧长得非常好。因此，以油棕为基础发展起来的森林非常多样化，并且拥有丰富的物种。将它们转化为种植园则大大降低了大自然的整体效率，并将其集中于油品生产了，也就是化学上长链碳氢化合物的生产。油是储存起来的太阳能，缺乏高质量的营养物质，缺少蛋白质。因此，在（生物）化学方面，生产棕榈油相当于热带甘蔗生产糖。人们不能直接依靠棕榈油生活，也不能仅仅依靠甘蔗的糖生活。两者都主要是能量来源，只能通过与其他产品混合间接成为食品，起到提供营养的作用。大豆则是完全不同的。正如前文所述，大豆含有极高比例的植物蛋白，这使得它们在某些饮食文化中成为肉类的替代品。但是南美洲并不存在蛋白质短缺的问题。因此，以大豆蛋白形式生产的植物蛋白被用于出口，就像东南亚的多余石油产量一样。

印度尼西亚是世界上主要的棕榈油出口国，出口份额占总量的58%；马来西亚是第二大出口国，出口份额占26%，两国人口总数超过3亿，是巴西的1.5倍，

但面积加起来却只有125万平方公里，而巴西则有825万平方公里[①]。如果不考虑巴西根本不存在高耸的火山，东南亚棕榈油主产区的定居人口密度几乎正好是巴西的10倍。对人类来说，这些不是数字游戏，而是对他们的生活有巨大影响的硬性框架条件。对红毛猩猩来说，将森林转化为油棕种植园已经威胁到它们的生命。

因此，让我们简单地了解一下对种植地区的居民和地球的气候产生如此大影响的油棕。油棕原产非洲，正如其学名 *Elaeis guineensis* 所示，原产地为西非国家几内亚。在雨量充沛的适宜生长条件下，它能长出重达50千克的果串。果实在成熟过程中会发生从橙红色到深暗红色或接近黑色的颜色变化，果肉中含有珍贵的油，脂肪含量为50%至70%。种子也含油，在压榨和销售时被称为棕榈仁油。这些油中的能量相当高，每10克的油中有接近900千卡（约3773千焦）的热量。果实产量足够稳定，因此可以年复一年地获得收成。

由于土壤条件的原因，油棕在它的故乡非洲没有像在东南亚那样茁壮成长，东南亚的火山、地质年代较短的土壤和季风气候提供了明显更为有利的生长条件。与原产亚马孙的天然橡胶相似，油棕最初也只能在东南亚的种植园里种植和使用，移植到该地后的高产量使棕榈油成为全球重要的天然产品。许多大型种植园在荷兰殖民统治时期就已经在印度尼西亚建立起来，自20世纪20年代开始，马来西亚也建起种植园。包括犀角金龟和红棕象甲在内的许多昆虫以及真菌甚至特殊的病毒，都对种类非常单一、植物年龄一致的种植园构成了威胁，往往需要大量使用杀虫剂。

---

① 根据巴西官方数据，巴西土地面积为851.49万平方公里。此处数据疑有误。

擅自占地者

对尚未被开辟为种植园或牧场的热带雨林来说，最严重的威胁是汽油链锯。链锯早已取代了斧头和火。想要开垦更大的区域不再像早期那样考验肌肉力量，而是需要众多壮汉的合作。伐木工人是一个传奇。链锯为家庭和小团体闯入森林提供了可能，只要铺设好道路，就打开了入口。由于这一简单的技术革新，地球上仅存的大块土地资源储备遭大规模开发，流离失所的居民得以在此定居。即使相应的地块已经由国家分配，但是居民仍然像在美国西部的荒野上那样争夺土地。

最多只能开垦不超过一半的森林土地，这条要求看似很好，但事实证明并不能充分保护雨林。因为随着剩余地区的出售，把许多地区合并成一大片区域，并在这一大片区域中砍伐一半森林的做法也得到许可。在非洲和东南亚，这种模式甚至不曾被纳入考虑。非洲和东南亚人口骤增的现实压力决定了这两个地区不能采用这种模式，情况与之相似且相比之下土壤仍可供利用的中美洲地区亦是如此。

人口压力确实存在，尽管原因各有不同。亚马孙地区的定居人口密度一如既往地很低，在刚果盆地的大部分地区，能提供给需要新土地的定居人口的适宜土地也绰绰有余。然而正如前文中提到的，中非与东南亚地区的人口压力很大。面对不断增长的人口，只有两个选择，要么优化现有的农田用于粮食生产，要么开垦森林，也就是进一步深入森林。

哪种方案更好，或者说在拥有土地所有权的情况下哪种方案会更好，这取决于土壤的质量。一个大致的规律是，优质的土地早已被占用，也就是说，由于生产力低下，向森林中的进一步扩张与过度增长的土地需求有关。土壤贫瘠意味着（新）林地人均消耗量的增加。由于几乎所有热带国家的人口都或多或少处于激烈增长之中，对土地的需求也在不可避免地增加。

抢占土地往往是非法的，而且只是暂时的，当得到认证的土地所有者开始捍卫自己的土地时，就会将擅自占地的人驱逐出去。世界人口的增加导致了热带雨林的相应萎缩。但与 20 世纪 70 年代和 80 年代不同的是，当前人口增长不是一个大问题。

土地被无地者占有，绝不仅仅是由人口的增长决定的。从更高的层面上看，它反映了所有权的结构。土地所有者们将压力转移到仍未开发、“无足轻重”的雨林地区。一旦这些地方遭到相应破坏，就可能成为适合生产出口产品的大规模农场。我们购买热带农场产品的行为导致了对雨林的进一步破坏，加深了无地者的痛苦。雨林的利用者们团结一致，发挥作用，能独立地养活自己并让生活越过越好，因为正是他们通过发展适合当地的农业与林业一体化（农林业）使森林得到了保护。这些无地者中的大多数却并不属于这样的雨林利用者。

擅自占地者通过尽可能快地开垦来获得尽可能多的土地。他们过着勉强糊口的生活，而不是《里约宣言》意义上的可持续发展。以出口为导向的（大规模）种植业带来的副作用和后果就是对雨林的破坏。因此，对于它们所造成的影响，我们也有连带责任。同样，在一个完全不同的领域，有这样一种贵金属，我们不会将其与热带雨林联系到一起，但每当储蓄货币的价值下降时，它的价值就会上升到创纪录的高度：那就是黄金。

有毒的黄金

许多人把它戴在脖子和手指上，但是却全然不知，正是这些黄金使得他们成为杀生害命的帮凶。目前，黄金的价格正上升到新的高度。它已经导致了数百万人的死亡。西班牙人弗朗西斯科·德·奥雷利亚纳是第一位将发现亚马孙的消息昭告旧世界的人。他来到这里，试图寻找“黄金国度”，尽管他并没有找到，但得到的黄金已经足够将基督教教堂的内部全部镀上一层金。这些黄金是通过为濒临死亡和已去世的印第安人举行洗礼仪式而获取的。世界上以亚马孙地区为首的一些地区受到了黄金的诅咒。《圣经》中就谴责，人们对“金牛犊”的崇拜是毫无益处的。当时的人贪慕虚荣、迷恋奢侈，曾用这种可塑性强、质地柔软、不生锈、几乎没有其他用途但非常稀有的金属来制造神像。每个人都狂热地追求黄金，把含金量作为衡量一切事物价值的标准。即使是最微小的黄金粒也会被人从河沙中筛出来，或者被人千方百计地从岩石中开采出来，甚至不惜搭上人命。常言道“金钱万能”，这里指的其实是黄金，因为金钱的价值易逝，而黄金保价。现在，它又呈现价格大幅上扬的势态。

对于热带森林的土著居民来说，在他们生活区域周边的河流中发现黄金是最糟糕的事情之一。人们用剧毒的汞从沙子或砾石中淘洗出金沙。汞污染了河流和生活在其中的鱼类。汞不能像其他大多数毒素一样逐渐消解或在新陈代谢中被分解成无害的物质，它甚至会特别密集地沉积在具有生物活性的事物也就是活体的表面。以鱼类为生的陆地动物会将其带入森林。居住在河边的居民食用的几乎每一种食物中都有汞的残留物。要经过几千年甚至更长的时间，进入河流的汞才能随着淘金河上游的洪水暴发而逐渐被冲入海洋。

森林遭到破坏也是淘金者搭建住所酿下的恶果。为了获得用于建造坡道和堤坝的木材，或者为了将河水引到淘金处，他们会放火烧毁邻近的森林。绝大多数淘金者都是非法活动的。当局之所以容忍他们的活动，大多数情况下无疑是因为接受了黄金贿赂，而且淘金的地点非常偏远。淘金者本身就是碰运气的冒险家，他们就像赌博成瘾的赌徒一样，屈服于黄金的诱惑。少数成功者的故事也让大众跃跃欲试，就像中彩票成为百万富翁的念头一直诱惑着赌徒那样。我们都应该为这种永无止境、愈演愈烈的淘金热负责，因为我们愿意为之付出昂贵的代价。那些浑身穿金挂银的人应该意识到，他们穿戴的事物与他人的生命和对自然的破坏都紧密相连。

目前，淘金者正在将新冠病毒带到住在偏远地区的土著居民身边，如居住在亚马孙雨林北部的亚诺玛米人。据来自社会环境研究所（Instituto Socioambiental）的数据，约有 2 万名非法淘金者在那里活动。法兰克福动物协会（Zoologische Gesellschaft Frankfurt，ZGF）的调查数据显示，在过去 30 年里，亚马孙河上游的马德雷德迪奥斯区（Madre de Dios Region）约有 10 万公顷的雨林因淘金而消失。据与 ZGF 合作的协调员阿斯特里德·阿圭勒（Astrid Aguilar）称，其中一半的毁林活动发生在 2011 年以后。法属圭亚那的雨林是欧盟直接管辖领域的一部分，在 2019 年毁林面积达 1.3 万公顷，而在巴西则超过 1 万公顷。这些数据并不包含大型的商业性黄金开采企业，而只是完全不受管制和控制的小规模作业者，这些人像圣经时代一样去开采黄金，只不过他们使用的是现代辅助工具，尤其是毒性极大的汞。

想要改善这种情况，限制其生产和销售可以算是一个方法。此外，更重要的是，如果我们所有人都能摆脱对黄金的痴狂，情况或许也会有所好转。假设货币贬值的很大一部分原因是黄金造成的——这种假设并不牵强，因为黄金被视为也被用作金融危机中的安全储备——那么如果没有黄金和其他贵金属如铂金，货币也许会更加稳定，因为它们必须如此，这也是为了金融界自身的利益。然而寄希望于此是必然会失望的，因为它连幻想都算不上。

人畜共患病及其他疾病

天堂不过是美好的想象而已。天堂里应有尽有，这反映的其实不过是日常生活中的物质匮乏与危机四伏。与天堂相对应的是地狱，它张开大口，把人嚼碎吞下，疾病则是它给人的预兆。在天堂中，生活是无忧无虑、快乐无比的。热带雨林中的生活却并非如此。尽管在各大洲和热带岛屿中已经有一些人类族群试图在热带雨林中生活或被迫生活其中，但本书已经多次指出：热带雨林并不适合人类居住。

就身体条件而言，人类适合步行和奔跑，却不善于攀登和在树梢上摇来荡去。我们裸露在外的皮肤可以很快地让持续运动的身体实现散热，但这也使我们极易受伤或是被吸血的虫类叮咬，无意间的抓挠就可能造成伤口的溃烂。吸血的虫类可以传播病原体。对自然状态下的人类而言，干燥温暖的气候才是理想的选择，而不是炎热潮湿的气候。

随着可以根据实际需要进行增减的衣物的出现，人类将生活区域几乎扩大到整个地球。有一个“方向”特别重要，即开辟非热带的偏冷和寒冷地区。这些地区有两个非常显著的优势，即收成极好的优质土壤和更有利于健康的气候。人类在地球上不同气候区的生活密度也反映出了这一点。正如前文所述，生活在大片热带雨林中的人最少。倘若没有可以让人类捕获鱼类的河流，也不能利用河水来灌溉河两岸作物的话，雨林中的人类定居密度甚至会比在沙漠中更低。此外，在几乎没有可食用的天然食物生长、没有动物可捕食的地方，人类也无法大量繁衍。

然而，在热带森林中对人类生命构成更大威胁的往往是各种各样的疾病，因为大多数病原体最适合在温暖潮湿的环境中生存。对于昆虫和小型动物这样的病原体传播者来说，更是如此。我们从自己所在的环境便可以得知：潮湿温暖的夏季气候有利蚊子的生存，牛虻的亲缘物种——苍蝇也喜欢这样的环境。早年间，人们就会尽可能避开沼泽。从中世纪到19世纪末，疟疾也曾在阿尔卑斯山北部大肆横行。约翰·沃尔夫冈·冯·歌德在他的作品《魔王》（*Erlkönig*）中就描写了这种疾病，也许当时他还并不知道这是什么："是谁这么晚在夜风中急驰……"发烧的孩子已经神志不清，疟疾将要夺走他的生命。"……可他怀中爱儿已经死去"，全诗以这一句结束。

作品中描述的场景发生在德国的一个沼泽地区。通过排干沼泽地里的水，疟疾逐渐消失。疟疾曾在荷兰和德国北部、莱茵河上游以及巴伐利亚北部的池塘地区广泛流行，也曾肆虐于罗马周边地区的沼泽地和巴尔干半岛东南部。疟疾传播者疟蚊属（*Anopheles*）蚊子至今依然生活在这些地区。但是，由于不再有人感染疟疾，当地的疟蚊属蚊子吸取的血液中也就不含疟原虫，因此它们也不能再传播疟疾了，至少目前是这样。

在热带地区，疟疾并没有得到遏制。危险区域反而在不断扩大，因为人类为蚊子创造了有利的生活条件，而防治疟疾的药物却总是药效不够，因为病原体会对它产生抗性。抗击疟疾的斗争在成功和挫折之间摇摆不定，我们看不到取得长久胜利的希望。出现这样的情况，实际上也向我们解释了热带森林中的病原体会有多么危险。

人类所感染的疾病，事实上绝大多数都不是人类自带的，而是从动物身上传播到我们人类身上之后才发展起来的，这也是在医学上将它们称为人畜共患病的原因所在。疾病在人和动物间传播的重要先决条件是要与携带病毒的动物有持续的密切接触。肺结核病和布鲁氏菌病通过奶牛传播到人类身上。麻疹和天花这样的疾病也来自动物。

只要人们生活在小团体中，不在特定地点长期逗留，就不会感染上这些传染病，它们也就无法传播。过上饲养家畜的定居生活要付出代价，即会出现越来越多的疾病。然而，雨林中的土著居民仍然过着四处游荡的生活。只是到了我们这个时代，他们受到限制，其传统的生活方式也随之消亡。“文明”毁了大部分雨林土著居民的生活，剩下的一小部分人则在恶劣条件下艰难度日。对他们中的大多数人来说，“文明”意味着失去自己的文化，生活条件急剧恶化。但从疾病病原体的“角度”来看，不论是过去还是现在，这都是极为理想的，因为这是病原体最好的生存和繁殖条件。受疾病困扰的人要不断地调整自己，改变自己并使自己可以适应环境。

这绝不是过去才有的情况。目前，随着人类的脚步遍及全球，病原体变得更容易在人类身上开发出新的“利用价值”。它们来到人类身体上的频率越来越高。在过去的 50 多年里，不仅出现了给我们带来艾滋病的 HIV 病毒，还出现了埃博拉病毒、SARS 病毒和现在的新冠病毒，以及其他只在当地出现的病原体。无论是过去还是现在，这些病原体的来源都是动物，通常是热带森林中的动物。猴子和类人猿对我们构成了特别的威胁，因为它们与人类有着极近的亲缘关系。两种黑猩猩与人类之间的基因差异只有 1.2%。因此，人类感染的疾病往往对它们也会造成很大的打击，因为他们对这些疾病没有免疫力。相反，我们可以用我们手中掌握的药物去帮助生病的黑猩猩。

蝙蝠与我们的亲缘关系不像我们通常认为的那样遥远，包括（作为蝙蝠亚群之一的）狐蝠也是我们的亲戚。它们传染给人类的疾病是异常危险的，因为蝙蝠凭借其自身的飞行能力，通过抵抗危害身体健康的病原体而发生了激烈的自然淘汰。人类中已经很久没有出现这样激烈的自然淘汰了，医学的发展抑制了自然淘汰的发生。如果今天的人类突然不得不以狩猎－采集方式生活在最简陋的小屋中，我们中的大部分都将被自然淘汰。

侵害呼吸系统（肺部、支气管、咽喉）和口腔的病原体，在蝙蝠身上经历了严格的自然淘汰过程，得以与其共生。如果它们传到人类身上，将会引起免疫系统极其剧烈的反应，导致极高比例的重症患者失去生命，这个“极高比例”高到令人恐惧。之所以这些病人会失去生命，是因为他们不再能进行充分的呼吸活动，而衰弱的心脏也不再能很好地向大脑和身体供应血液。

当像被怀疑为COVID-19病毒来源的穿山甲这样完全不同物种的动物成为中间载体时，问题会变得格外严峻。这是因为这些动物的新陈代谢的速度相当缓慢。在相关的免疫系统产生强烈的免疫反应之前，病毒有充足的时间来继续发展。最终，人类也将成为病毒的一个理想目标生物，因为相对于我们的身体质量，我们的新陈代谢是很慢的，甚至比狗的新陈代谢还要慢得多。这体现在不同的体温上。人类的体温不到37℃，作为中等体重的哺乳动物，我们的体温相当低（成人的大致体重为50~100千克）。

发烧是机体对感染的第一反应，而且往往是最重要的对抗反应，因为温度升高会损害病原体或使其死亡。感染疟疾时身体的发热也是身体试图通过高温来消灭感染的致病病毒。然而，长时间处于体温剧烈升高的状态，即高烧不退，也会对我们造成生命威胁。感染性疾病是我们的“阿喀琉斯之踵”。我们的年龄越大，这一点就越明显，因为对于我们这种体重的哺乳动物来说，预期寿命达到 70 岁及以上是不常见的。许多上了年纪的人都希望在生物学意义上获得更多的时间，但在感染 COVID-19 等病毒的情况下，这种时间因素也会成为主要风险。人类身体无法承受超过 40℃的持续发烧，如果在这个过程中呼吸受到影响，那就更难以承受了。因此，如果老年人患了“新冠肺炎”，死亡率会大大上升。

这些线索有助我们理解接近雨林动物为什么如此危险，尤其是生活在树梢上的物种和具有飞行能力的物种，因为它们会携带自身早已免疫的病原体。我们无从知晓，也永远不会知道，在它们获得免疫力之前，有多少同种生物被夺去了生命，因为这发生在很久很久以前。然而，我们可以清楚地知道人类历史上流行病造成的后果。14 世纪，从啮齿类动物传播到人类身上的肺鼠疫在欧洲肆虐，至少夺走了欧洲三分之一人口的生命，而肺鼠疫的传染性甚至低于“新冠肺炎”。

因此，为了我们自身的利益，人类最好远离雨林中的动物。理论上说这应该是很容易的，因为没有人非得与丛林猴子拥抱不可，也没有人非要在没有保护的情况下去探蝙蝠洞。遗憾的是，这种超然的判断忽略了现实，仍有两个热带疾病的传播来源非常活跃，一个是所谓的丛林肉，另一个是被美化的传统医学。从穿山甲及其角质化鳞片到犀牛角粉，从蝙蝠和熊胆到用白酒腌制的蛇，各种各样的东西在东亚和东南亚被用作治疗药和性药，其中甚至包括一些我们难以想象的部分，如用老虎的阴茎骨来增强性功能。涉及的动物越稀有，价格就越昂贵。不可避免的是，捕猎这些动物的偷猎者要与它们产生最密切的接触。因此，他们可能成为新病毒和其他病原体的源头，即所谓的

“零号病人”。

食用丛林肉的情况与此很相似，尽管方式有所不同。特别是在非洲，各种野生动物的肉在当地居民的饮食中占了很大比例。他们的饮食单调且不充足，在食用低产的农作物之外，只能通过丛林肉来补充蛋白质。中欧人在不到一个世纪前还在食用有旋毛虫寄生的猪肉或有别的虫子寄生的肉类，与之相比，当地居民在不了解也不怀疑的情况下就食用丛林肉，感染危险疾病的风险甚至更大。丛林肉没有接受过肉类检疫。此外，丛林自然环境中的寄生虫和病原体比欧洲要丰富得多。

新殖民主义对热带地区的剥削加剧了丛林肉的问题。数十年来，在非洲热带地区，为世界市场生产产品往往比为当地人口提供更好的粮食供应更具吸引力。如果明智地奉行不以自身利益为唯一导向的发展政策，就不该食用丛林肉。艾滋病的出现本来是可以避免的。对猴子无害的病毒，其近亲 HIV 病毒最终却传播到了人类的身上，那些肇事者并没有为此付出代价，那么整个社会就不得不为此付出代价。我们对热带雨林和生活在那里的人们的所作所为，即为了小部分人的利益剥夺更多人生命和利益的行为，一次又一次地报复到我们自己身上。但是，我们只会像

往常一样，仅仅试图与表面问题作斗争，而不是去挖掘罪恶的根源并根除它，因为对手是世界贸易中的强者，他们对地球的未来漠不关心。或许他们会满脸堆笑地欢迎那些为拯救雨林或世界气候而接二连三举行的会议，然而举办这些会议不过是吞噬了更多的资源，更严重地污染了大气，尽管举办会议的初衷是为了改善这些情况。

极乐鸟之岛

在占地面积78.6万平方公里的新几内亚岛上，东南亚雨林的繁茂达到顶峰——人们的印象通常如此。这个印象具有欺骗性，但是在一定程度上又是正确的。因为我们理所当然将其视为一个岛群的马来群岛，是由东南亚大陆和澳大利亚之间数千个热带岛屿组成的巨大群岛，它的内部有着截然不同的两种过去，以至于当我们谈论这里的自然状况时，差不多要在其中画出一条分界线。实际上早在19世纪就发现了这种情况，当时人们正在对马来群岛的动植物群进行更详细的研究。研究发现，以这条东西部岛屿之间的线为界，不再有新物种出现，这一发现让以阿尔弗雷德·R. 华莱士为首的研究人员深感震惊。独立于达尔文之外，华莱士也提出了作为物种起源和演变机制的自然选择理论。东西两边呈现完全不同的世界。边界线以西存在着东南亚的典型物种或与之关系非常密切的物种，但在边界线以东则有完全不同的物种，即与澳大利亚动植物群有关的物种。后文将会对这条边界线进行更为精准的描述。

正如我们当前所知，新几内亚是“澳大利亚岛群”东部的中心，这是毫无疑问的。因为两万年前，在最后一个冰河时期的高峰期，新几内亚与澳大利亚直接相连，附近的岛屿也是如此。最后一个冰河时期结束后，海平面上升，由高大山脉形成的新几内亚地区与澳大利亚大陆因此被分开。苏门答腊岛、加里曼丹岛、爪哇岛和西部高地的其他大部分地区也同样成为岛屿。在此之前，它们与东南亚的大陆是一个整体。

只有在了解了这一点之后，才能理解新几内亚的特殊性。这个巨大的岛屿上没有老虎和犀牛，也没有西部岛屿上那样的红毛猩猩和其他哺乳动物。这里的哺乳动物起源于澳大利亚，只有树袋鼠和它们更小的有袋目亲属，以及像产蛋的针鼹鼠这样极为原始的动物，简直微不足道。澳大利亚的北端被热带森林覆盖，是鸟类的领地，因为来自亚洲的现代哺乳动物无法越过（修正后的）“华莱士线”所在的海湾。

一种极不同寻常的邻近关系便是这样形成的，这比地球上任何地区都更能清楚地显示环境和历史的联系与区分。新几内亚及其以西岛屿（印度尼西亚）的共同点是都处在热带自然环境之中。然而，历史将它们分开。（澳大利亚）有袋目动物所生活的世界与在母体内部孕育后代的现代哺乳动物的世界被一块几十公里宽的开放海域隔绝开来。尽管狭窄的边界区域对鸟类和拥有飞行能力的

Ornithoptera paradisea ♂
HELMKASUAR
Celebes
Molukken
Seram
Buru
Banda
Tanimbar
Aru
Flores
Sunda
Timor
Sumba
Australia

Kurzschnabeligel · Tachyglossus aculeatus
Samoa
Santa Cruz
Bougainville
Choiseul

10. 极乐鸟之岛

昆虫的影响远远小于对哺乳动物的影响，但正如图中所示，产生的影响已经足够大了。新几内亚最大和对人类来说最危险的动物是双垂鹤鸵，它是一种鸟类，却是极其原始的鸟类群体中一种不具备飞行能力的巨鸟。双垂鹤鸵拥有非常强劲的腿部力量，它踢出一腿会造成严重的伤害。但实际上，鹤鸵可不想与人类打什么交道。它们像大型鸡类一样寻找食物。在这方面，它与产蛋的针鼹鼠以及树袋鼠一样特殊，因为树袋鼠不像传统袋鼠一样跳来跳去，而是在树枝上爬行。在树枝上，鸟儿们通过令人印象深刻的求偶舞来展示它们的羽毛，这无疑为它们赢得了极乐鸟的美名。红色羽毛的极乐鸟是一个恰当的例子，然而最令人印象深刻的还不是它的红色羽毛，而是某些种类的极乐鸟那巧妙的舞姿。

我们有充分的理由证明鸟类的美丽在新几内亚已达到顶峰，而在蝴蝶的世界里，鸟翼凤蝶的美丽也无与伦比。图中的丝尾鸟翼凤蝶（*Ornithoptera paradisea*）也只是众多绝美的鸟翼凤蝶中的一种而已。作为极乐鸟和鸟翼凤蝶的家园，新几内亚相当著名。然而，新几内亚也是小型鸣禽的祖先在数百万年前繁衍进化的地方，这种鸟类是我们最为关注的。除此之外，新几内亚也是香蕉的故乡。对我们人类来说，香蕉比任何植物都更能体现热带世界的特点。

第三部分

热带森林的保护

购买森林

身为本书的作者，我们倒是很想为自己买下一片热带雨林，比如买一个覆盖着森林的岛屿，或者买一片位于海岸边、能够看到大海的森林。在那里，清晨太阳升起，森林里雾气茫茫，吼猴发出吼叫，迎接新的一天。我们将这样的画面描绘下来，反复欣赏并且进行研究，幻想着我们正身处天堂。这是一幅多么单纯而美好的自然浪漫主义场景啊。

实际上，要是我们真的在森林小屋驻足数日，我们就会有完全不同的体验。为此，人们不得不付一大笔钱，但作为回报，这种体验能带给人们的东西实在太少，根本不足以靠发展自然旅游来保护这一小块热带森林。尤其是在傍晚时分，不会有大象像灰色巨人一样从暗绿色丛林中走出来，发出按喇叭般的叫声走到空地上，也不会有花豹完全不顾游客相机的闪光灯，悄悄地走到暗处的动物尸体旁。大多数雨林不能提供像非洲热带稀树草原或印度丛林那样壮观的动物观赏体验，因为这二者不是原始森林，而是已经被人类利用了好几千年的森林。那么，如何才能成功地保护生物多样性的宝库——热带雨林呢？还是说这从一开始就是一个徒劳的努力，生活在那里的人并没有这样的期望？

如果我们接受这种悲观的观点，将所有的保护工作都视为徒劳无功，那么也就不会有这本书的出现了。事实上，我们相信，热带地区的大部分雨林是有可能通过保护免遭破坏的。各种各样的发现和事实证明我们谨慎的乐观态度并不是毫无道理。中国正在向我们示范如何取得成功。多年来，中国一直在非洲购置土地，在可能的情况下，甚至要扩大到东南亚地区并取得开发权，即使当前还没有开始这样做。这种土地征用并不引人注目，几乎没有被人注意到。我们当然不认为中国打算将获得特许使用权的区域用于特殊的雨林保护。这个例子只是说明，除了在一些地方买下一小块区域，或是将一个特殊区域指定为国家公园外，在雨林地区还存在着更多的可能性。因为所有权和使用权优先这一点甚至比国家规定更有可能得到尊重，在任何地方都是这样，在德国的自然中也是如此。作为私有财产的土地比公共土地得到了更好的保护。形式上为所有人所公有的东西通常是最不受尊重的。因此，如果以保护为目的，购置土地是迄今为止保护雨林的最佳方式。

对热带森林来说，这意味着买、买、买，尽可能多地购买。各种雨林保护组织多年来也一直在这样做。不过，由于他们和他们购置土地所使用的资金是从外部而来，因此必须积极与当地居民进行协调。这样的方式可以实现对雨林的保护，不这样做就很难或根本无法阻止对雨林的破坏。因此，国际保护组织需要有区域合作伙伴甚至是当地的合作伙伴。创立合作伙伴组织并保持组织的运作，是使用捐赠资金购置土地的先决条件。这种方法被称为自下而上的自然保护。尽管一定时间里只在小范围内采用这种方式，但随着时间的推移，集腋成裘，许许多多小块区域拼成的大地上就会出现巨大的改变。拥有一片美好的热带森林这样的梦想只是更大梦想的基础，并没有那么不切实际。

哥斯达黎加就有一些活生生的、运作良好的例子，而且这样的例子也存在于其他地区，如德国研究人员克普克（Koepcke）夫妇创建的位于秘鲁亚马孙河流域东部的“潘古纳”（Panguana）研究站。克普克夫人于发生在研究站附近的一次飞机失事中丧生，但她的女儿尤利亚妮

（Juliane）作为唯一的生还者幸存了下来，并继续管理该研究站。半个世纪前，"潘古纳"研究站仍是乌卡亚利（Ucayali）河支流上大片雨林中的一部分。现在该地以"森林岛"的形式存在，但仍保留有大量物种丰富的动植物。"潘古纳"研究站的建立和存续是私人行动的一个范例，也是研究亚马孙雨林生物多样性的重点所在。

早在 1970 年，我就在巴西南部有过前文想象中的那种经历。一个德裔巴西人以私人名义买下了整座山峰，这座山峰位于巴西圣卡塔琳娜州布卢梅瑙（Blumenau）附近，名为"尖头山"（Spitzkopf）。在那里，早上居然真的有吼猴把我叫醒，并以它们的大合唱结束一天。灰尾雨燕（*Chaetura andrei*）在傍晚时分从山坡上俯冲而下掠过树林，以令人惊叹的方式一下子钻进尖头山上房屋的烟囱里。它们在那里过夜，第二天一大早，烟囱里就会有黑色的鸟冒出来。这样的例子数不胜数。设置私人研究站点几乎算是一个传统，因为对热带世界更深入的探索正是从这样的站点开始的。

洪堡的河流旅行留下的不过是一些浮光掠影的印象，其作用无非是收集标本，发现新物种，而它们往往只是成为冒险故事的素材。相反，研究站却可以存在很多年，往往是几十年。这些研究站是研究的重镇。研究者还与当地居民建立了联系，这是向当地居民展示调查的意义和目的所必需的。

即使当地人把科学家视为有些癫狂的疯子，但随着双方的持续接触，当地人会珍惜现存之物。因为如果从远处而来的研究人员能够在他们的那一小片土地上，即当地的一片森林上花费如此长的时间和如此多的精力，那就说明这片土地上一定存在着特别之处。一个人所拥有的、所了解的、因为习以为常而觉得无趣的东西，也会因为别人的兴趣而重新被重视。研究和局部保护之所以能够顺利进行，大多都是无意中利用了这种人类对待事物的典型心态。如果森林对于当地居民来说仅仅是一片森林、一个木材产地、一个蚊子和其他恼人甚至危险的小生物的来源地，他们就不会理解，为什么要尽可能地保持森林的原始状态。

研究站和私人保护区，包括那些以狩猎为目的的保护区，不论是过去还是现在都处于雨林保护的初期阶段。在传统文化中，曾通过将森林的某些区域和/或动物设置为“禁忌”来达到类似的效果。挂在树上的基督教宗教标志和图片表明，这种“禁忌”在如今的森林中依旧存在着强烈的影响。在经济林中，一些树木成排而立，它们在巴伐利亚语中被称为“田间树”（Marterlbäume），往往都是些仅存的古老、粗糙的树木。

如果有合作伙伴给予支持，“禁忌”原则可以根据当地和区域文化的条件在全球范围内实际应用。在村庄或当地社区范围内进行的小规模雨林保护，往往发展为对少数民族文化多样性的保护。现代世界的发展使得少数民族的文化多样性受到挤压。就像亚马孙地区的印第安人，他们被划到保护区，好像他们需要像野生动物一样被保护似的。

然而，如果把对这些土著居民的安置一概归为“森林和谐”或“森林保护”行为，那将是危险的天真想法。他们早就在用现代猎枪打猎了，只有面对游客时他们才会展示民间的弓箭或吹箭筒。他们和新几内亚的巴布亚土著居民或刚果雨林的非洲人一样，早已学会用手机与彼此以及世界保持联系。倘若随意就允许土著居民可以不遵守为保护濒临灭绝的物种而设下的绝对必要的限制，如严格的狩猎禁令，那就需要假定他们仍然只会以非常传统的方式狩猎才行。这是不现实的。曾经难以捕捉的动物，现在用现代步枪很容易就可以猎杀，这些动物的活体价值一定高于死体价值。这个问题涉及猎捕野生动物的核心。非洲和南亚热带森林中的穿山甲等动物在亚洲市场上的价格高得惊人，以致偷猎者甘冒生命危险去捕猎这些动物为市场供货。仅仅依靠“保护”，它们恐怕还是不能存活下去。

“华盛顿公约”
(《濒危野生动植物种国际贸易公约》)

为了保护高度濒危物种，打击偷猎者、走私者以及受贿的海关官员，“华盛顿公约”即《濒危野生动植物种国际贸易公约》自 1976 年正式生效。尽管远没有达到预期的效果，但这份公约已经让世界取得了相当大的进步。非洲豹和热带虎猫是典型的例子。用这些斑点猫科动物的毛皮制作的大衣在 20 世纪 80 年代之前一直是时尚女性世界的流行风尚。在虎猫和非洲豹都得到了“华盛顿公约”的保护之后，贸易限制和法律上的贸易禁令也开始施行。尽管在黑市上能逃避法规的监管，但当女士们在不遭到敌视的情况下也不会再身着豹子毛皮或虎猫毛皮外套出入公开场合时，非法交易活动数量也急剧下降了。非洲豹的数量有所恢复，在国家公园中可以重新看到非洲豹的身影。

尽管非法杀戮有所减少，但是虎猫的发展却并不理想，因为虎猫在中美洲和南美洲的热带雨林中能获取的营养远不如豹子。在中美洲和南美洲，与虎猫的猎物身体差不多大小的哺乳动物和鸟类出现的频率要远远低于豹子的主要栖息地非洲大草原。

尽管如此，市场决定了走私商品是否具有吸引力。几乎已经没人再购买斑点猫科动物的皮毛。目前，用热带鸟类如新几内亚极乐鸟或南美洲鹦鹉的羽毛制成的女帽上的羽毛装饰也不再炙手可热。公众的舆论压力起到了很大的作用。因为“华盛顿公约”，热带旅行归来的游客所带的旅游纪念品越来越频繁地遭到没收。而且，即使海关没有发现非法携带品，这些东西也不敢拿出来，或是只能非常谨慎地“展示”一下，因为这些物品一旦被发现就会被没收，有关人员还会受到处罚。

列入“华盛顿公约”的动物和动物产品以及植物及其部分结构虽然会因为黑市的存在而无法完全避免被走私，但严格的限制会减轻濒危物种的压力。通过严格的限制，它们的数量能够在一定的条件下得到恢复。这些条件既包括相关物种所需的栖息地，也包括人类对它们的行为。因此，美洲热带地区的美洲豹以及印度和东南亚的老虎虽然拥有面积广阔、足以生存的生活空间，这与拥有足够大且相对安全的空间生存的非洲狮子相似，但不如非洲的狮子可以捕食野生动物。狮子的猎物生活在国家公园和野生动物保护区中，数量相当庞大，美洲豹和老虎却越来越多地捕食牛和其他家畜。南美洲原本缺少较大的哺乳动物，但欧洲人引进了数百万头牛。美洲豹可以在牛群牧场与雨林接壤的地区，以及森林与开放式牧场通过河道相接的地方捕食猎物。因此，我们需要找到一种针对美洲豹的存在而言相对宽松的养牛方式，有别于热带非洲东部马赛人保护牛的方式。由于东非生活着大量的野生动物，人们会在牛群夜晚过夜的地方，用荆棘丛简单围成一圈，并在附近燃起熊熊大火，用来阻止狮子或豹子的偷袭。

但是，对巴西、哥伦比亚、委内瑞拉南部和玻利维亚东部以及非热带地区的巨大牛群来说，不能采用类似的方式从美洲豹的攻击中保护它们，也不能用牧牛犬。

现存的老虎在南亚和东南亚的区域分布与人类世界的关联更为密切。在那里，只需直接进行经济赔偿就可以弥补损失，就像在德国发生家畜被狼捕食的情况时一样。这当然是可行的。从在当地实际完成并且发挥作用的角度来说，这种方式要花费的成本远远低于许多发展援助项目的成本。由于美洲豹、老虎和其他大型动物对自然空间存在要求，即通常无法在对它们来说太小的保护区内生存，因此如果我们想要保护它们，就必须为此支付费用。对于狼群来说也是如此。比起为促进农业所投入的资金，这不过是小菜一碟。

因此，热带世界的物种保护项目，无论是涉及雨林还是其他栖息地，都应该得到我们的全力支持。这些地区应该得到发展部门的公共资金支持，而不仅仅只是依靠私人捐款。国家必须承担起国际义务。在民主社会，这应该是对国家的强制性要求。

大熊猫生活的小天地

大熊猫是世界自然基金会（World Wildlife Fund，WWF）的标志，也因此在全球范围内成为自然保护的标志。大熊猫的生活范围正在缩小。大熊猫生活在中国西南部热带森林的边缘，那里的山脉被竹林覆盖，山谷人迹罕至。大熊猫是吃竹子的专家。它们几乎只吃竹笋[①]，即广义上的“草”。这是因为竹子本就是草类的一种，只不过属于木质化的草类，因此可以长得非常高大，十分具有生存竞争力。许多人喜欢将竹笋作为一种蔬菜食用。当我们食用这样的植物性食物时，根本没有考虑过蛋白质含量少的问题。如果我们必须像大熊猫一样用竹笋来满足营养需求的话，那人类将不得不整天坐在那里食用和消化竹子。然而即使是这样，营养需求也还是无法得到满足。

然而这对大熊猫来说却足够了。它们特别适应这种食物。如果竹笋的数量够多，它们就可以轻而易举地吃到竹笋。它们总是蜷缩起来呼呼大睡，因为它们需要以此保证消化活动顺利进行。这也让它们在我们眼中显得憨态可掬，那黑白相间的毛色也尤其引人注目。

但它们的实际生活比看起来要困难得多。雌性大熊猫很难在体内积累足够的蛋白质，但它们需要这些蛋白质来孕育幼崽。大熊猫幼崽出生时很小，很长一段时间里无法独立，需要依赖母亲生存。大熊猫的繁殖速度很慢，甚至慢到无法恢复繁殖过程中不可避免的损失。在野外，它们面临着灭绝的威胁。越来越多的人试图开垦偏远的山区，这让它们不得不躲到更偏远的地方。此外，大熊猫赖以维生的那类竹子有时会突然在大片地区同时开花，产生种子，然后枯萎。这导致大熊猫无法再像早期那样迁徙到其他有鲜嫩的、正在生长的竹林的地区去。

中国西南地区看似郁郁葱葱的环热带山脉并不是大熊猫等稀有动物可以乐享生活的伊甸园，而是一个内部由热带气候过渡到季节交替明显、各种降雨频繁的气候的地区。众多山脉和峡谷在生态上将这片土地划分为非常不同的栖息区域。这为特殊多样性的发展创造了条件，但也意味着许多物种的种群数量很小，因为适合的生存空间面积很小。

包括野鸡在内的鸡类很好地证明了这一情况。图中所示的红腹角雉就是这

---

① 事实上熊猫的食物除竹笋外，还包括竹身、竹叶等，根据不同季节食用竹子的不同部位。——编者注

Actias duberdani ♂
Bobaum - Ficus religiosa
Großer Panda
Ailuropoda melanoleuca
Ginseng - Panax ginseng

11. 大熊猫生活的小天地

类鸡形目动物的特殊代表。红白斑点、蓝色脖子、蓝色喉咙上的鳞片状羽毛以及它头上蓝色的“角”组合在一起，使得它的外表非同寻常，让人误以为这种鸟的生存能力很弱。然而它只是众多生活在中国和东南亚山林中，拥有无与伦比美丽羽毛的野鸡的一个代表。如果不是在新几内亚已经发现了极乐鸟的话，人们一定会想把这种雉鸡称为“极乐鸟”。事实上，这两种鸟类虽然彼此之间没有密切的关系，但在繁殖方面是一致的：雄鸟不参与幼鸟的孵化和喂养。“因此”，它们要做的更多是求偶并展示它们华丽的羽毛。

这种情况的出现是由于雌鸟显然更喜欢选择色彩最丰富、最艳丽的雄鸟来进行交配。用专业术语说，这叫性选择。在生长着许多会结出浆果的灌木和低矮植物的山区中，这样的现象在鸟类中似乎特别常见。这其中更深层次的原因还有待发掘。但我们知道，在这样的生活条件下，即使是在昆虫世界，也会出现华美的昆虫，如图中所示的中国月亮蛾（*Actias dubernardi*），其后翅有非常细长的尾突。这个地区的一些鸟类也有拖长的尾羽，这难道是一种巧合？还是说这种身体结构利于在陡峭山谷里的树梢上空有混乱气流的空域中飞行？大熊猫的小天地是地球上最迷人的自然区域之一。

免除债务与直接购置土地

这种强制措施特别适用于保护热带森林，比个人和保护组织更能起到保护作用，如前文中提到的中国在全球范围内购置土地的例子。然而在这一点上，“西方手段”，即“债务换自然”（Debt-for-nature swap），到目前为止并没有达到预期效果。这句话被用来描述一种免除债务的行动，即债权国免除债务国的债务，以换取债务国保护雨林、湿地和其他对全球而言有重要意义的自然区域的承诺。免除的债务将多达数百万美元，以换取债务国对森林的保护。这项机制听起来很有力，但与保护气候的碳排放交易差不多，它取得的成果同样微不足道。数以亿计的二氧化碳凭空蒸发，消失不见，却没有起到任何作用。用于保护森林和生物多样性的债务免除行动从未真正开始实施。这或许是因为债务背后的债权人来自庞大的金融世界。

几乎可以肯定，像中国那样在特定的、明确的时间段内获得土地的自然使用权是更好的方法。这样的做法甚至对热带森林国家来说也是更有吸引力的。因为如果森林根本没有被使用，而是被保护起来，那么这些拥有森林所有权的国家只需要将利益收入囊中即可，不必考虑有何风险，也不必为了承担后果而付出任何金钱代价。这些本应用来换取与热带森林国家进行二氧化碳“交易”证书的资金，现在用来获取热带森林的使用权。这样，热带国家既得到了可用于自身社会发展和经济发展的大量资金，也得到了相应的激励去尽可能地保护更多的森林，这样才能将很容易转化为资本、极具有吸引力的资源保留下来。债务或许最终会被减免，但是他们本就没有必要，也不应该欠下任何债务。他们可以直接利用自然资源来获取利益，这是一项能带来利益的资本。

对我们这些出资者来说，这意味着我们也为全球生物多样性和热带森林的保护投入了金钱，就像为我们自己的文化遗产和环境保护进行投资一样。它们是全球环境的一部分，而不是一个我们可以为所欲为的孤岛。气候保护也因此具有了不言而喻的重要意义。毕竟，如果我们取得的成就在全球范围内看来仍然显得微不足道，那么就算在国内尽可能减少排放破坏气候的气体又有什么意义？仅凭一个碳中立的德国并不能延缓海平面上升的速度（以及拯救汉堡）。

比起讨论我们必须做什么或者不该做什么，更有意义的是优先考虑我们进口动物饲料、棕榈油（产品）和热带木材对全球产生的影响。这些交易可以在几年内大幅减少，从而大大降低破坏热带森林的速度。在进口的动物饲料和棕榈油产品上必须加收森林破坏损失费。污染者付费原则能提供相应的资金，即要求所有的污染者都必须为其造成的污染直接或者间接支付费用。像柚木、油棕和大豆种植园这样现有的种植园可以根据其质量和可持续性进行认证，通过保护其中的野生和特定物种能在多大程度上允许、维持或重新实现“其他生命”的生存必然是一个重要的衡量标准。如果在柚木种植园里有老虎的猎物，老虎当然也可以生活在那里。如果植被条件满足要求，油棕种植园中将存在一个多姿多彩的鸟类世界，除此之外还可以为猴子和其他动物提供具有吸引力的栖息地。我们致力改善农业和林业的生产条件，实现高质量发展，这一点在我们购买热带产品的地方更容易实现。公平贸易必须与公平生产的相辅相成，这是1992年在里约“地球峰会”上提出的设想，目的是将保护生物多样性与可持续发展联系起来。两者都有可能实现。伙伴关系原则要求我们采用这种做法，这必将取得成功，因为自然界中仍然存在这种可能性。

本书也展示了这一点。这并不是那些曾经存在、而现在已经消失之事物的绝唱终曲。

自然旅游能够做什么

热带自然的壮丽之美是鲜活的。它是可以真实被感受到的，而不是在画作中被创造出来的。艺术表现上甚至不得不削弱它的美，为了追求清晰而放弃暗藏在细节中的多彩世界。任何展现热带森林中部分自然风光的图片都不能呈现它全部的美。这是一个难以描绘的丰富世界。这种丰富性取决于我们，取决于富裕国家的经济形式，取决于我们是否愿意像民主社会所要求的那样去保护热带自然的多样和美丽，取决于我们保护的决心与力度。

只要我们都这样想，热带雨林就会有光明的前途。数百万人年复一年地前往热带地区旅行。在许多地方，自然旅游业已经能起到保护森林及其生物多样性的作用了。尽管自然旅游可能会产生负面影响，而且从全球角度来看，长途旅行存在着一定的问题，但发展自然旅游总还是比砍伐森林要好。不论何时何地，权衡利弊总是没错。一切事物都没有绝对的好坏。新冠肺炎疫情期间的情况表明，飞行量的大幅降低确实大大减少了影响气候的气体数量。但是，缺少游客造成了失业和贫困，当地居民没有其他方式可以维持生计。如果他们又走回砍伐现有森林资源的老路，造成的损失很可能会大于通过限制航班减少二氧化碳排放所带来的少量收益。

如果我们想保护热带森林，就免不了要以适当的方式为其估值。除了砍伐森林使其商品化以获得短期利益，还存在着其他获利更多的方法，并能保证长期的收益。如果能将热带森林与富裕国家在热带世界的相应资本转移结合起来，即有目的的结合，那么即使是游客数量急剧减少的自然旅游也能创造这种附加价值。在这样一个十分切合实际的组合形态中，自然爱好者以游客的身份进行了软性生态旅游，保证了需要被保护的森林能够得到保全。旅游业成了协议生效的指示器，就像博物馆的游客是文化珍品受到持续保护的保证人。但与博物馆不同的是，保护热带森林不是为了留存过去的产品，而是为了保护地球上生命多样性的未来。

回顾总结：因为我们需要雨林

2020年，约有一半的热带雨林仍然存在于地球上。这一发现既是好事也是坏事。坏是因为，随着森林被破坏，一些物种已经永久地从地球上消失了，无法恢复，我们将永远无法知道，它们对自然界、对我们人类来说可能有着怎样的意义。一半的热带雨林被破坏，导致气候发生了区域性和跨区域性的变化，甚至可能已经影响全球。具体的影响多大难以计算，但由于存在着在早期的林区重新造林的可能性，并且目前已经进行了各种尝试，因此我们可以在很大程度上逆转气候和生态的影响。在中欧，曾在中世纪被开垦的地区恢复为森林，因此德国的森林也（再次）达到了中欧近三分之一的森林面积。部分物种灭绝已是不可逆的事实，但是遭到破坏的森林却是可以修复的。物种的损失究竟有多大，我们已无从得知。森林刚开始遭到破坏时，我们对地球上的生命多样性还是完全未知的。

这一发现中不好的一面，即一半雨林已经消逝，与另一半雨林的存在形成对比。尚存的森林还很多，至少足以保护生活在热带森林中的大部分生物的多样性。这样的手段和实现的可能性是存在的。想要成功地实现它们，就需要我们先结束对热带世界的新殖民主义剥削，并将其转变为一种合作的伙伴关系。我们需要为此付出金钱，但这将远远少于为森林破坏支出的后续费用。

对于气候保护来说，这已经是很有说服力的计划了。但“气候”对人们来说太抽象了，我们日常生活中谈的都是天气。当我们搬到另一个气候区时，我们才会去讨论气候问题。新冠肺炎疫情过去后，我们又可以去温暖的南方度假了。除了那些（不得不）生活在高温地区并深受其害的人之外，天气变暖很难在情绪上给人们传递负面影响。在我们个体的生命周期中，并没有真正体验到气候的变化，因为我们身边的温度变化与统计学上的参考数据平均值偏差仅在 0.1℃以内。

森林急剧萎缩的情况则大为不同。我们德国人当然不会允许整个黑森林在短短一年内被砍光伐尽。甲虫成灾使得森林面积大幅减少，因为人们在不适合的地域种植云杉，又或是云杉遭干旱和风暴侵害，让我们也受到牵连。我们准备为此投入大量资金。因为我们知道，人类需要森林，森林对我们有重要的意义，就像它们对自然平衡来说一样。

我们能够也必须将这些知识传播到世界上其他的森林地区，并确保这些森林地区能够留存下来。很久以前，在德国就已经有了森林保护的计划，即可持续利用。这正是我们所讨论的话题，也适用于热带森林的情况。

致　谢

对一本书来说，尤其是对一本想要对事物进行一般性概述的书来说，利用各种资料来源广泛搜寻材料是必不可少的，后面列出的参考文献仅仅覆盖了其中的一小部分。更多的材料来自我本人在热带地区多次旅行及进行研究获得的一些切身经验。

在我多年从事的国际自然保护工作中，常常遇到这样的问题：如何去实施某些想法很好、形式上也“令人信服”的计划？想要取得成功，仅仅有充足的资金是不够的。有一个问题总是会一再出现：一个项目所取得的成功能持续下去吗？对于那些积极参与者们——大多数是热血沸腾的年轻人——来说，最重要的是在当下能够直接取得的成果，至于10年后甚至更远的未来会是怎样，全凭希望。然而，频繁的失败并没有使他们气馁，这种态度是令人钦佩的。即使一个项目失败，但是它仍被视为一种教训而有自己的价值所在。因为一切关于拯救需要拯救的事物的尝试都是有意义的。因此，本书要感谢他们所有人，感谢他们伟大且往往是冒着危险的奉献，同时也要感谢那些致力保护雨林的组织。相比处理我们日常生活中常见环境问题的大型自然保护协会，这些雨林保护组织得到的公众关注要少得多，几乎也没有得到任何（发展性的）政治关注。雨林保护组织理应每年从政府发展援助中获得至少数千万美元的拨款，以支持他们着手实施宏大的计划，然而现状却是他们不得不主要靠民众的捐款来工作，这是一个令人震惊且不可接受的情况。

这本书没有像近期的许多热带雨林书籍那样以精美绝伦的照片来点缀，而是选择以艺术插画呈现热带雨林生活的魅力，这是由于我在写这本书的时候受到了艺术家约翰·布兰德施泰特绘画作品的启发。奥夫堡出版社（Aufbau Verlag）的文学总监马丁·布林克曼（Martin Brinkmann）博士灵感迸发，提出要将其制作成一本“精彩好书”。编辑克里斯蒂安·克特（Christian Koth）也提出了补充，他希望这本书既有丰富的信息量，也对读者有启发意义。实现这两个目标就成了我们创作本书的立足点。出于另一个非常私人的原因，我要感谢这一切，以及为我们提供这一机会的人们。

写作一本书需要耗费大量的时间，也需要不受打扰的个人空间。我的妻子米基·阪本-赖希霍尔夫（Miki Sakamoto-Reichholf）在如此艰难的新冠肺炎疫情时期为我创造了这两个必要条件。在此我也向她表达最诚挚的谢意。

约瑟夫·H. 赖希霍尔夫

2020 年 12 月

我特别要感谢扎比内·布兰德施泰特（Sabine Brandstetter），是她提出了编写一本有关雨林的书籍的主意。感谢她在我们的旅行中拍摄的那些令人印象深刻的照片，这些照片让我得到了许多启发。如果没有我在德国大使馆工作的多年老友安德烈亚斯·塔勒尔（Andreas Thaller）的参与以及他的经验，我们在刚果的旅行就不可能如此顺利。对于他所提供的帮助与支持，我也深表感谢。

约翰·布兰德施泰特

2020 年 12 月

参考文献

自洪堡的《新大陆热带地区旅行记》在1807年出版以来，关于热带雨林的著作层出不穷，他的这部作品也有了各种不同的版本。然而，这个迄今为止地球上物种最丰富的自然区域的生态学基础是由亨利·贝茨1863年的著作《亚马孙河上的博物学家》（*The Naturalist on the River Amazons*）和阿尔弗雷德·R.华莱士1869年的著作《马来群岛》（*The Malay Archipelago*）所奠定的，后者目前已经有了新版本。华莱士已经在其1853年的著作《亚马孙河与内格罗河之旅》（*Travels on the Amazon and Rio Negro*）中描述过他在亚马孙河和内格罗河的旅行。在亚马孙探险初期，华莱士和贝茨曾有一段时间结伴旅行。19世纪上半叶因此被视为热带雨林探索的开端。与洪堡和他的同伴埃梅·邦普兰不同，贝茨和华莱士作为标本收藏家已经认识到物种多样性和物种稀有性之间存在着密切联系。他们并不认为热带森林的土地是为了不断增长的世界人口而存在的。尽管此后在一些地区进行了后续研究，尤其是在有大量殖民官员的英属印度，那些官员也进行了大量热带物种的标本采集工作，然而直到20世纪，人们才开始对热带自然进行深入的生态研究。有两部作品为国际上和德语区20世纪60年代“热带研究大时代”的开启奠定了基础。一部是P.W.理查兹（P. W. Richards）1952年的著作《热带雨林》（*The Tropical Rain Forest*），这本书的1966年版本同时也是我在慕尼黑大学辅修生物学时的博士论文的理论基础，因此我对这本书尤为重视。另一部作品是罗伯特·莫滕斯（Robert Mertens）1948年的著作《热带雨林的动物世界》（*Die Tierwelt des Tropischen Regenwaldes*），该书由法兰克福森肯伯格自然研究协会（die Senckenbergischen Naturforschende Gesellschaft Frankfurt）出版。除此之外，埃尔温·邦宁（Erwin Bünning）1956年的著作《热带雨林》（*Der Tropische Regenwald*）也让我大受鼓舞。对我来说，20世纪70年代以来涌现的大量书籍和专业出版物共同构成了热带雨林相关知识框架，它们为德语地区提供了相对完美的概述，在范围及意义上都超出了本书。因此，下文所列出的只是我本人从中挑出的一小部分作品，这些作品有的是本书观点的理论支撑，有的适合读者深入研究。它们仅仅代表我个人非常主观的选择。

Bayerische Akademie der Wissenschaften (2013): Schutz und Nutzung von Tropenwäldern. – München.

Caufield, Catherine (1987): Der Regenwald. Ein schwindendes Paradies. – Frankfurt.

Crosby, A. W. (1986): Ecological Imperialism. The Biological Expansion of Europe, 900 –1900. – Cambridge.

Datta, Asit (1993): Welthandel und Welthunger. – München.

Forsyth, Adrian & Ken Miyata (1984): Tropical Nature. Life and Death in the Rain Forests of Central and South America. – New York.

Goldammer, Johann Georg (1993): Feuer in Waldökosystemen der Tropen und Subtropen. – Basel.

Goulding, Michael (1980): The Fishes and the Forest. Explorations in

Amazonian Natural History. – Berkeley.

Herkendell, Josef & Eckehard Koch (1991): Bodenzerstörung in den Tropen. – München.

Holm-Nielsen, L. B., I. C. Nielsen & H. Balslev eds.(1989): Tropical Forests. Botanical Dynamics, Speciation, and Diversity. – London.

Kolbert, Elizabeth (2015): Das sechste Sterben. – Berlin.

Lamprecht, Hans (1986): Waldbau in den Tropen. – Hamburg.

Leibenguth, Friedrich (2006): Skizzen aus Malaya. Evolution in den Tropen. – Bad Honnef.

Martin, Claude (1989): Die Regenwälder Westafrikas. Ökologie, Bedrohung, Schutz. – Basel.

Martin, Claude (2015): Endspiel. Wie wir das Schicksal der tropischen Regenwälder noch wenden können. – München.

Müller, Wolfgang (1995): Die Indianer Amazoniens. – München.

O' Hanlon, Redmond (1996): Congo Journey. – New York.

Primack, Richard & Richard Corlett (2005): Tropical Rain Forests. An Ecological and Biogeographical Comparison. – Oxford.

Reichholf, Josef H. (1990/2010): Der Tropische Regenwald. Die Ökobiologie des artenreichsten Naturraums der Erde. – München/ Frankfurt.

Roosevelt, Anna ed. (1994): Amazonian Indians. From Prehistory to Present. –Tucson.

Schultes, Richard Evans & Robert F. Raffauf (1990): The Healing Forest. – Portland, Oregon.

Terborgh, John (1993): Lebensraum Regenwald. Zentrum biologischer

Vielfalt. – Heidelberg.
Weischet, Walter (1977): Die ökologische Benachteiligung der Tropen. – Stuttgart.
Whitmore, T. C. (1975): Tropical rain forests in the Far East. – Oxford.

雨林研究和雨林保护组织

Gesellschaft für Tropenökologie (www.soctropecl.eu)

热带生态学协会

Pro Regenwald e. V. (www.pro-regenwald.de)

赞同雨林保护协会

Rettet den Regenwald e. V. (www.regenwald.org)

拯救雨林协会

Smithsonian Tropical Research Institute (Panama & Washington)

史密森尼热带研究所（巴拿马 & 华盛顿）

WWF Deutschland (www.wwf.de)

世界自然基金会德国分会

Zoologische Gesellschaft Frankfurt (www.zgf.de)

法兰克福动物协会

译后记

完成本书的翻译工作之后，我在跟几位朋友闲聊时，曾有意把话题引到这个主题上来，问他们印象中的热带雨林是什么样子的。回答五花八门："雨林色彩斑斓，非常美丽，动植物丰富。""雨林土壤肥沃，（因此）树木参天。""雨林中有野人或原始部落，（基本）没有受到现代文明的影响。""雨林中没有或少有病毒……"可以说，对大部分中国人来讲，关于热带雨林的知识和印象大多来自一些冒险类影视作品（就我个人而言，不由自主地会想起年轻时玩过的探险游戏《古墓丽影》），很少有人深入接触过这方面的专业书籍，脑海中的印象难免会有些不太准确甚至完全错误。这似乎也不难理解，毕竟世界三大热带雨林区都不在中国，我们的日常生活好像与雨林也没有什么关系，与其关心雨林的状况，不如多关心一下明天的股票行情。

《雨林：留住正在消失的美》一书的主要内容——热带雨林的独特性、保护雨林的现实可能性、人类破坏雨林在多大程度上改变了气候以及物种多样性正在遭受的不可逆转的损失，作为全球性议题，与中国同样密切相关。作者赖希霍尔夫在本书的第三部分《热带森林的保护》中也指出，"几乎可以肯定，像中国那样在特定的、明确的时间段内获得土地的自然使用权是更好的方法"，而"'西方手段'，即'债务换自然'，到目前为止并没有达到预期效果。"当然，作为书中所说的"欧洲人，尤其是一直致力改善世界环境的德国人”，作者并非要大力推崇哪个国家的政策，他把绝大部分笔墨都用在了科普性质的雨林介绍上，用大量生动活泼的描写，结合插画师布兰德施泰特丰富多彩的手绘插画，带领读者穿行于热带地区的绿色雨林之中。他们联手带来的这部作品，绝对能够刷新读者对地球上这片壮阔美丽，却即将永远消失的地方的认知——原来蜂鸟的生活方式如此复杂，原来一条刚果河就可以隔开两个完全不同的猩猩物种，原来非洲撒哈拉沙漠的尘土会给土壤稀薄的南美亚马孙雨林送去矿物质，原来连最强的闪电都不能引发热带雨林火灾……但是，所有这些雨林独有的美都是不可复制的。“人类已经成为地球的灾难，其严重程度堪比巨型陨石撞击地球。”本书第一部分的介绍越生动形象，第二部分关于雨林的消失及其后果就越让人痛惜不已，而第三部分提出的保护措施就越具有说服力。我认为，作为中国读者，我们不一定需要认可作者在书中表达的所有观点，但如果能在阅读本书的过程中开阔视野、增长知识，特别是作为一个负责任大国的公民，能够意识到包括雨林在内的地球生态环境与自己个人的行为息息相关，真正领会“共建地球生命共同体”的重要性和紧迫性，那么本书翻译工作的价值也就得到了最充分的体现。

本书系我主持的2021年重庆市研究生教育教学改革研究重点项目“成渝双城经济圈研究生教育协同发展研究——以德语翻译硕士研究生教育为例”（项目编号 yjg212031）的阶段性成果之一，由我和德语笔译硕士研究生马越同学共同完成。教改项目组成员、成都理工大学的张洁老师曾为我所在的四川外国语大学的翻译硕士研究生做过关于语言服务行业与翻译项目管理的讲座，这一次也是在她的组织协调下，得以顺利完成包括《雨林：留住正在消失的美》在内的系列丛书外译汉项目，让我再一次对她高效的项目管理能力钦佩不已。张洁老师及她所在的四川省应用外语研究会近年来积极组织协调成渝地区高校各外语专业的“精兵强将”，在国家外宣出版、地方政府对外宣传、翻译人才培养及为企业提供语言服务等方面产出了高质量成果，也让我们对未来充满期待。当然，作为译者，我就本书的翻译问题联系最多、“骚扰”最勤的就是社会科学文献出版社的杨轩与胡圣楠二位编辑，她们严谨认真的工作态度给我留下了深刻印象，也让译稿避免了不少问题，对此我深表感激。

正如德国学者保罗·库斯毛尔（Paul Kußmaul）所言，“翻译是信任与保障之间的平衡运动”。走钢丝的艺术看上去很美，但表演者自己仍不免时时惶恐，如履薄冰。因能力和精力有限，译本难免舛误，不当之处概由译者负责，敬请方家批评指正。

廖峻

2022年12月

于重庆歌乐山

图书在版编目(CIP)数据

雨林：留住正在消失的美 / (德) 约瑟夫 · H.赖希霍尔夫著；(德) 约翰 · 布兰德施泰特绘；廖峻，马越译. -- 北京：社会科学文献出版社，2023.8
ISBN 978-7-5228-0868-0

Ⅰ. ①雨… Ⅱ. ①约… ②约… ③廖… ④马… Ⅲ. ①雨林－普及读物 Ⅳ. ①S718.54-49

中国版本图书馆CIP数据核字（2022）第186281号

雨林：留住正在消失的美

著　　者 / [德] 约瑟夫 · H. 赖希霍尔夫
绘　　者 / [德] 约翰 · 布兰德施泰特
译　　者 / 廖　峻　马　越

出 版 人 / 冀祥德
责任编辑 / 杨　轩　胡圣楠
责任印制 / 王京美

出　　版 / 社会科学文献出版社（010）59367069
地址：北京市北三环中路甲29号院华龙大厦　邮编：100029
网址：www.ssap.com.cn
发　　行 / 社会科学文献出版社（010）59367028
印　　装 / 三河市东方印刷有限公司

规　　格 / 开　本：889mm×1194mm 1/16
印　张：15.25　字　数：190 千字
版　　次 / 2023年8月第1版　2023年8月第1次印刷
书　　号 / ISBN 978-7-5228-0868-0
著作权合同登记号 / 图字01-2022-4659号
定　　价 / 138.00元

读者服务电话：4008918866